子供の科学

体験ブック

AI時代を生きぬく
算数のセンスが育つ

# クイズ&パズルでわかる数と図形のナゾ


コリン・スチュアート 著
Colin Stuart
ガリレオ工房 監修

FABULOUS FIGURES AND COOL CALCULATIONS


誠文堂新光社

# はじめに 世界標準の教育を子どもたちに

この本は、イギリスで出版されたSTEM（科学・テクノロジー・エンジニアリング・数学）という21世紀型の教育をベースにした子ども向けの本4冊を、イギリスでの出版とほぼ同時に日本でも出版するものです。STEM教育は、アメリカではオバマ元大統領がイノベーションの基礎となる科学技術教育として推進し、広まってきました。

例えば科学は、物が原子や分子からできていること、生物の遺伝情報はDNAが担っていることなどを前提に、現代科学の基礎から先端までをわかりやすく概観していて、子どもだけでなく、大人にもSTEMの入門書としておすすめです。

そのため高校で学ぶような内容も出てくるので、初心者向けのSTEM入門書として、むずかしいと思うところは少し飛ばし読みでも構わないので、現代の科学やテクノロジー、エンジニアリング、数学がどんなことにチャレンジしているかをのぞいてみてください。またより深く知りたいと思ったら、他の子ども向けのそのジャンルの本も読んでみることをおすすめします。

「科学」はバイオテクノロジーの長所と短所など鋭い視点の解説があり、全体として興味深い本になっています。また「テクノロジー」、「エンジニアリング」、「数学」は子ども向けでここまで広くまた踏み込んで紹介している本はあまりありません。世界標準の教育をぜひ楽しんでください。

NPO法人ガリレオ工房理事長・教育学博士
滝川 洋二

# CONTENTS
# 目次

カテゴリーのマーク

数と計算

はかる

問題解決／論理／推論

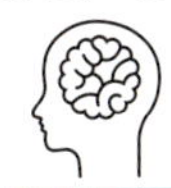

幾何学

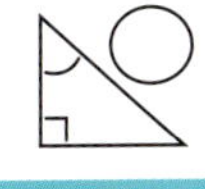

文字式（代数学）

高度な数学

データ／ぶんせき／確率

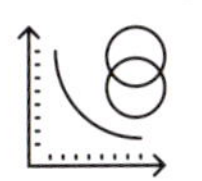

コミュニケーション

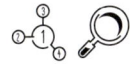

WELCOME TO STEM WORLD!

# ようこそ STEM ワールドへ！

子供の科学STEM体験ブックシリーズは、科学、テクノロジー、エンジニアリング、数学という4冊にわかれていて、どの本にも、アッとおどろく発見がつまっているよ。身のまわりの科学のお話を読んだり、家でできるかんたんな実験にちょうせんしたりすれば、きっと科学をもっと身近に感じられるようになるはず。この本を読んで、科学者やエンジニア、技術者や数学者になるのは夢じゃないって思ってくれたらうれしいな。それじゃあ、子供の科学STEM体験ブックシリーズでフシギな世界をあんないしてくれる、心強い仲間たちを紹介するね！

## 科学

科学では、身のまわりの世界に目をむけるよ。

**カルロス**は超新星と引力とバクテリアにくわしいスーパー科学者で、**エラ**はカルロスの助手だよ。いまは、アマゾンの熱帯雨林への出張を計画中！ エラといっしょにデータをいっぱい集めて、データベースにまとめようとしてるんだ！

## テクノロジー

テクノロジーでは、生活に役立つものや装置をつくるよ。

**ルイス**は、宇宙船でだれよりも早く火星に行くことを夢見るトップ技術者。「装置のことなら何でもおまかせ！」の**バイオレット**は、ルイスがごみからつくったロボットだよ。

## エンジニアリング

エンジニアリングでは、スゴイ工作やマシンで問題をかいけつするよ。

**オリーブ**は、3才のときに犬用のビスケットで超高層ビルをつくってしまった天才エンジニア。**クラーク**は、オリーブがギザのピラミッドに行くとちゅうで見つけたんだ。

## 数学

数学では、数と測りかたと図形を紹介するよ。

**ソフィー**は、ポップコーン派とドーナツ派のわりあいを当ててクラスのみんなをおどろかせた、数学のマジシャンだ。コンピューターの**ピエール**はソフィーの強い味方。持ち前の計算能力で、素数のナゾをとき明かしてくれるよ。

# この世界は数学でできている

## ——数学を使えば、身近なものごとから宇宙のことまで、ほとんど何でも説明できるんだ。

**数**学は、計算したり、数の変化を記録したりする学問だよ。時間を伝えるとき、買い物するとき、スポーツの点数をかぞえるとき、さらには音楽をつくるときも、数学はかかせないんだ。でも、「数」だけが数学のすべてじゃない。模様、論理、図形も、りっぱな数学だよ。数学は、世界中のことばに共通する考えかたともいえるんだ！

**だ**から、数学を使えば、科学、テクノロジー、エンジニアリングなど、ほかの学問のことがらをかんけつに説明できる。それに、数学の式や計算法の中には、絵画や彫刻のように美しいものもあるって知ってた？ ふだんの生活や研究で、問題を解決したり、機械をつくったりすることにも役立つんだ。そんな数学には、下のような分野があるよ。

### 数と計算

数そのものや、数と数の関係を調べる。

### はかる

ものの大きさ、きょり、時間をはかる。じっさいのものも、想像上のものもあつかう。

### 幾何学

図形や角度を調べる。

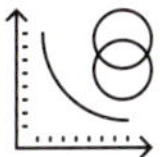

### データ／ぶんせき／確率

集めた情報からパターンやけいこうを見つけ、将来の予測に役立てる。

$xy$

### 文字式（代数学）

かんたんな記号を使って、数学の問題を式であらわす。

### コミュニケーション

数学は、ものごとをかんけつに表現するための世界共通のことばとしても使われる。

### 高度な数学

統計、三角法、微分・積分、理論などをあつかう。

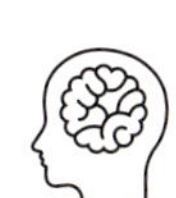

### 問題解決／論理／推論

情報、とりくみかた、選択の結果を理解するために、道筋を立てて考える。

**「ふ**だんの生活で使うことがないのに、数学なんてわざわざ勉強する意味あるの？」って思ったこともあるかもしれないね。でも、知らず知らずのうちに、きみも数学を使っているよ。「〜だから数学はいらない」という考えを伝えるのも、じつは数学のスキルなんだ！ この本では、この世界を支えているいろいろな数学を紹介するよ。数学は、計算や式のこたえがすべてじゃない。こたえに行き着く方法を考えるのも数学のうちなんだ。数学を通して、問題をかしこくクリアする方法を学べるよ。

**数**学の問題をとくときにいちばん大切なのは、とく手順を考えること。数学は世界を見張るしんぱんみたいなもので、うそをつかないし、あいまいじゃない。数字の意味については意見が分かれることがあるけれど、ものごとの「ホント」を明らかにするためには、どんなときも数学がカギになるんだ！

**わ**たしたちをひきつけてやまない、数学の世界に飛びこもう！ 問題をとく方法がこんなにもあるのかって、きっとおどろくはずだよ！

**夢をでっかくもってがんばろう！**

# 足し算と引き算

足し算と引き算は、ものの量を計算するために、毎日の生活でよく使っているよね。足し算と引き算はたんじゅんだけれど、ものすごく大切なんだ。くわしく見てみよう。

## だいじな ポイント

### あわせる、とりのぞく

足し算は、2つ以上のものをあわせたときの合計を求める計算だ。たとえば、バナナ3本とリンゴ2個があった場合、くだものの合計は3＋2で5個になるよね。
引き算は、ものをとりのぞいたときに残る量を求める計算だよ。リンゴ4個のうち1個を食べたら、残った量は4－1で3個になる。

足し算の記号

引き算の記号

## ものごとのしくみ

### 記号の歴史

足し算や引き算は、何千年も前から生活の中で使われてきたけれど、記号は何度も変化してきた。2000年以上前の古代エジプトでは、下のような、どくとくの記号が使われていたよ。「＋」や「－」の記号は、1518年のヨーロッパの本で初めて登場したんだ。

古代エジプトの足し算と引き算の記号

## 知ってる？

### 順番がかわるとどうなる？

足し算では、数の順番がかわっても、こたえはかわらないよ。2＋3も、3＋2も、こたえはどっちも5になるよね。

## だいじなポイント

### 位のしくみ

数字の大きさは**位**で決まる。それぞれの位の数字は、右どなりの位の数字の10倍の大きさだよ。9のつぎをかぞえるときは、左に新しく「十の位」をたてる。同じように、99のつぎをかぞえるときは、左に新しく「百の位」をたてる。これが位のしくみだよ。

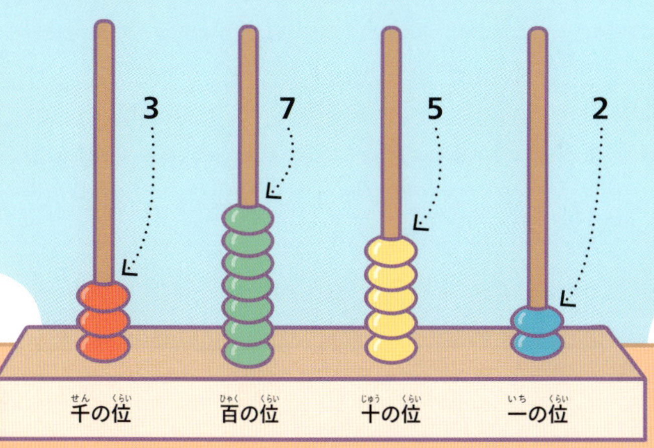


### レコードの話

ウェールズの数学者ロバート・レコード(1512～1558年)は、等号「=」を考え出した人だよ。

## ものごとのしくみ

### 足し算の筆算

2ケタ以上の数を足し算するときは、数をタテにならべて筆算をしよう。位をそろえて書いてね。そしたら、一の位から順に足し算をする。足した数が10以上になったら、こたえのところに一の位の数を書き、十の位の上に「1」を書く。つぎに十の位の数を全部足すと、合計が出るよ。

十の位　一の位

```
  1
  56
+27
 ---
  83
```

### 引き算の筆算

2ケタの引き算も、同じように数をタテにならべて筆算をするよ。ひかれる数を上に書いてね。一の位から始め、上の数から下の数をひこう。上の数のほうが小さい場合は、十の位から10をかりないとひけない。10をかりたときは、右の絵のように書こう。

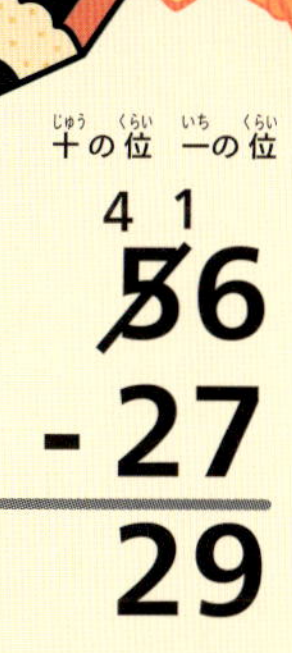

十の位　一の位

```
 4 1
  56
- 27
 ---
  29
```

## やってみよう

### 電卓で計算しよう

ある数字を電卓に表示させると、電卓をさかさまにしたときに英語のことばがあらわれるんだ。きみも気づいたことあるかな？
お家の電卓を使って、下の足し算をしてみて。足し算のあとに電卓をさかさまにすると、それぞれ英語で動物の名前があらわれるよ。

107＋282＋215＝？

88＋161＋89＝？

27432＋7574＝？

199＋198＋197＋139＝？

こたえは、この本の76ページにあるよ

MULTIPLYING AND DIVIDING

# かけ算とわり算

足し算と引き算のやりかたがわかったところで、つぎは、かけ算とわり算を見てみよう。かけ算は、くり返し足し算をするのと同じだよ。わり算は、ものを等分する（同じ数ずつに分ける）ときに使うんだ。

## だいじなポイント

### かけ算

かけ算は、足し算をいっしゅんで行うワザみたいなもの。たとえば、5つの箱にチョコレートが4個ずつ入っているとしよう。足し算なら「4＋4＋4＋4＋4＝20」で合計を求めるけど、かけ算なら「4×5＝20」だけですむんだ。

$$4 \times 5 = 20$$

## ものごとのしくみ

### かけ算の記号 "×"

かけ算では、ふつうは「×」の記号を使うけど、べつの記号もある。「2*3＝6」のように、「*」の記号を見たことはあるかな？ それから、あとで出てくる方程式や文字式（70ページ）では、アルファベットの「$x$」とまちがえないように、かけ算の記号をはぶいて、「$2 \times x$」を「$2x$」と書くよ。

## だいじなポイント

### わり算

わり算は、あるものを同じ数ずつ分ける計算のこと。たとえば、チョコレートが10個あるときに、5人で等分したいときは、「10わる5」を計算すれば、1人分の数を求められるんだ。式は「10÷5＝2」のように書くよ。

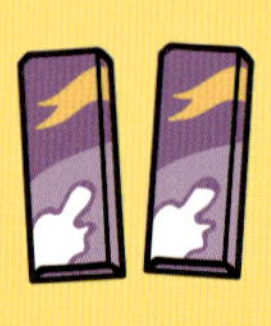

$$10 \div 5 = 2$$

ものごとのしくみ

# かけ算とわり算の筆算

2ケタ以上の数のかけ算は、数をタテにならべて計算するよ。たとえば178×5のかけ算は、はじめに右はしの数どうしのかけ算をする。8×5＝40だね。こたえの一の位のところに0を書き、十の位へ4をくり上げる。

つぎは十の位のかけ算だ。7×5＝35だから、くり上げた4を足して39になる。こたえの十の位に9を書き、百の位へ3をくり上げる。

最後に百の位だ。1×5＝5だから、くり上げた3を足して8。かけ算のこたえは、178×5＝890になるよ。

$$\begin{array}{r} 178 \\ \times\quad 5 \\ \hline {}^{3}\ {}^{4}\ \\ 890 \end{array}$$

578÷3のわり算は、下のように書くよ。

3)578

5には3が1つ入るから、あまりは2だね。5の上に1をたて、5の下に3を書き、十の位に2をくり下げる。

27には3が9つ入るから、7の上に9をたてる。

最後の8は、3が2つ入って2あまる。8の上に2をたて、その横に「…2」と書こう。

「578÷3」のこたえは「192…2」だね。

$$\begin{array}{r} 192\ {\scriptstyle \cdots 2} \\ 3\overline{)5{}^{2}78} \end{array}$$

クイズコーナー

# かけ算で回文をつくろう

**回文**とは、前から読んでもうしろから読んでも同じになることばや文のこと。ことばなら、「やおや」とか「みなみ」とかがある。文の場合は、「夜、にんじんにるよ」のようなものが有名だよ。
数も回文になることがあるんだ。右のかけ算のこたえの中には、前から読んでもうしろから読んでも同じ数になるものがまじっているよ。どのかけ算のこたえが回文かわかるかな？

143 × 7 = ?
22 × 12 = ?
99 × 21 = ?
407 × 3 = ?
33 × 11 = ?
19 × 5 = ?

こたえは、この本の76ページにあるよ

POSITIVE AND NEGATIVE NUMBERS

# 正の数と負の数

ゼロよりも大きい数はみんな正の数で、正の数にマイナスをつけると負の数（ゼロよりも小さい数）になる。数直線で考えると、正の数にマイナスをつけた負の数は、ゼロをはさんでちょうど反対側にあるよ。

## だいじな ポイント

### 数直線って何だろう？

数直線を使えば、数の大小をひと目でかくにんできる。数直線は、左側に負の数、ゼロをはさんで右側に正の数を書く。右に行くほど数が大きくなるよ。

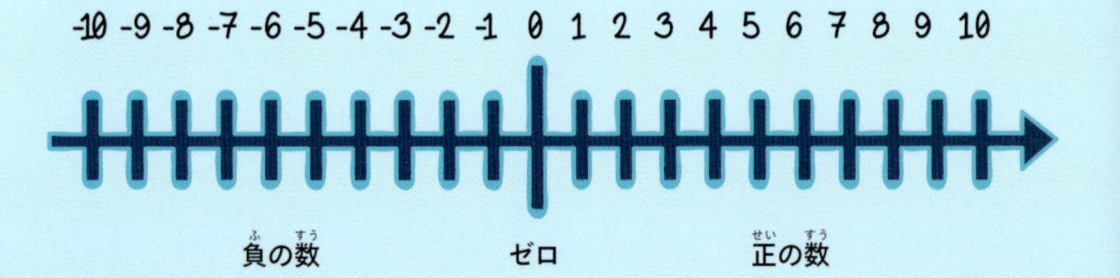


## ものごとのしくみ

### ゼロのがいねん

ゼロという考えかたは、最初からあったわけじゃない。そもそも数は、「動物1頭と米だわら3つを交換しよう」みたいに、物々交換でくらしていた大昔の人が編み出したものなんだ。そういう時代には、ゼロは必要なかった。だって、たる0個とわら0たばを交換なんてありえないでしょ？

## 知ってる？

### 0は空白を示す

0は、3〜4世紀ごろのインドで使われるようになった。今では、たとえば0を使えば、74と704と740のちがいをあらわせるよね。0は、その位が空白なことを示すために使っていたよ。3804の十の位には、おはじきの玉がないのがわかるかな？

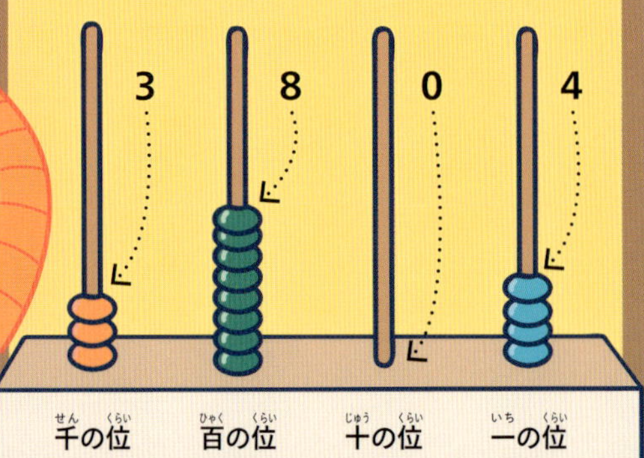

やってみよう

# お宝をかくせ！

きみは、お宝をかくす場所をさがしている海ぞく船の船長だ。あ、無人島を見つけたぞ。ここにお宝をかくせば、だれにも見つからないかな？

## 必要なもの

- えんぴつ
- ノート
- サイコロ

200
190
180
170
160
150
140
130
120
110
100
90
80
70
60
50
40
30
20
10
0
-10
-20
-30
-40
-50
-60
-70
-80
-90
-100

## キホン

- 海抜と水深は、海面とくらべたときの高さや深さをあらわすときに使うことばだよ。
- 海岸の波打際は海抜0メートル。
- 海の中に歩いていくと、きみの足は海面の下にもぐるよね。1メートルの深さのところは、「水深1メートル」というよ。
- 陸のほうへ歩いていくと、地面は海面より高くなっていく。海面より1メートル高い場所は、「海抜1メートル」というよ。

## 遊びかた

**正の数＝海抜〜メートル**

**陸**：お宝を安全に保管するには、地面を100メートル以上ほらないといけない。でも、海面の高さより下までほってしまうと、お宝が海水をかぶってしまう心配が……。

よし、5人の仲間に、5つの山の高さをはかってもらおう。それぞれの仲間がサイコロを3回ずつふって、出た数の合計を山の高さということにするよ。サイコロの目1つを＋10メートルとして計算しよう。(計算をラクにするには、サイコロをふるたびに、左の数直線の上をえんぴつで指し示そう。それぞれの山の高さはノートに書いておいてね。)

サイコロを3回ずつふって、＋100メートルよりも高くなった山はあるかな？

もしなかったら、お宝を山にうめても、お宝が水びたしになってしまうかもしれない。

＋100メートルより高い山があれば、そのどれかにお宝をうめよう。

**負の数＝水深〜メートル**

**海**：5人の仲間に、島の5つの入江の深さを調べてもらおう。それぞれの仲間がサイコロを2回ずつふって、出た数の合計を入江の深さにするよ。サイコロの目1つを－5メートルとして計算しよう。海ぞく船の底が海底につかないためには、入江の深さが－30メートルより深くないといけない。お宝をのせた船が行ける入江は、いくつあるかな？

(左の数直線を使うとラクに計算できるよ。)

船をとめて、ぶじにお宝をうめられたかな？ もう一度このゲームをやって、結果をたしかめよう。

### 知ってる？

#### 高さや深さは大事

**電波の中継塔**、**ダム**、**貯水池**、**風力タービン**などをつくるときは、必ず事前に、専門の**技術者**が山の高さや湖の深さを調べているんだよ。

PRIME NUMBERS AND POWERS

# 素数とるい乗

素数は、その数自身と1以外の整数※ではわりきれない数のこと。数学者も素数にはきょうみしんしんで、いつも新しい素数を見つけようとがんばっているよ！

※整数は、「小数」ではない数のこと。小数は22ページでくわしく紹介しているよ。

## だいじな ポイント

### 1は素数じゃない？

1は、1つの数（自分自身）でしかわれないから、素数ではない。だから、最初の素数は2だよ。しかも、**偶数**の素数は2だけなんだ。だって、2より大きい偶数は、全部2でわりきれるからね。

## やってみよう

# 50までの素数を見つけよう

大昔に考え出された、素数の見つけかた「エラトステネスのふるい」を紹介するよ。この方法で、50までの素数を見つけてみよう。

### 必要なもの

- ✔ じょうぎ
- ✔ えんぴつ
- ✔ カラーペン
- ✔ ノート

1. じょうぎとえんぴつを使って、右のページのような10マス×5マスの表を書く。
2. マスに1から50までの数を書く。
3. 1は素数ではないから赤でぬる。
4. 最初の素数は2だね。2よりあとの偶数（4、6、8…）を青でぬろう。これは全部2の倍数（17ページ）だから、素数ではない。
5. 3は素数だけど、3の倍数は素数ではない。だから、6、9…というふうに2個おきに緑でぬろう（もう色がぬってあるマスは飛ばす）。
6. 5も素数だけど、5の倍数は素数ではない。10、15…というふうに4個おきにマスを黄色でぬる（色がぬってあるマスはぬらない）。
7. 7よりあとの7の倍数を茶色でぬる。
8. 色をぬっていない残りの数を丸で囲む。これが、1～50までの素数だ。全部で15個あるはずだよ。

## エラトステネスの話

エラトステネス（紀元前276年ごろ～紀元前194年ごろ）は、古代ギリシャの科学者だよ。素数を見つける方法をあみ出した以外にも、はじめて地球1周のきょりを測定と計算で求めたんだ。

### だいじな ポイント

#### るい乗

**るい乗**は、とても長い計算（かけ算）をはぶいて書く方法だよ。たとえば2×2×2×2×2をてっとり早く書きたいときは、$2^5$（「2の5乗」と読む）とも書けるんだ。右上の小さい数は**指数**というよ。

べつの例

$$9 \times 9 \times 9 \times 9 \times 9 = 9^5$$

「9の5乗」と読むよ

### 知ってる?

#### メルセンヌ素数

マラン・メルセンヌ（1588～1648年）というフランス人の神父は、多くの素数を$2^n-1$（nには整数が入る）の形であらわせることに気づいたんだ。nに74207281を入れると、いままでにわかっている中でもとくに大きいメルセンヌ素数を求められるよ！

$$2^{74207281} - 1 = ?$$

| 1 | 2 | 3 | 4 | 5 | 6 | 7 | 8 | 9 | 10 |
|---|---|---|---|---|---|---|---|---|---|
| 11 | 12 | 13 | 14 | 15 | 16 | 17 | 18 | 19 | 20 |
| 21 | 22 | 23 | 24 | 25 | 26 | 27 | 28 | 29 | 30 |
| 31 | 32 | 33 | 34 | 35 | 36 | 37 | 38 | 39 | 40 |
| 41 | 42 | 43 | 44 | 45 | 46 | 47 | 48 | 49 | 50 |

こたえは、この本の76ページにあるよ

# 因数と倍数

もう気づいたかな？ ほとんどの数は、べつの数に分けることができるんだ。因数とは、ある数をわり算で分けたときにあらわれる一つひとつの数のことで、倍数は、ある数のかけ算で求められる数のことだよ。

## ものごとのしくみ

### 素因数

素数は、その数自身と1以外ではわりきれない数のことだったね。因数とは、ある数をわり算で分けたときにあらわれる一つひとつの数のことだよ。素数じゃない数は、**素因数**（素数でも因数でもある数）のかけ算であらわせるんだ。

12の因数

12 → 6, 2；6 → 3, 2

または

12 → 4, 3；4 → 2, 2

12の素因数は
2と3（12 = 2 × 2 × 3）

## だいじなポイント

### 因数ツリー

どんな数の素因数も、因数ツリーをかけば見つけられるよ。素因数だけになるまで、もとの数をどんどんわっていって、右のように枝分かれさせてみて。数をわるときは、必ずはじめに2をためそう。だって、2は素数だからね！ たとえば36の因数ツリーを見てみよう。

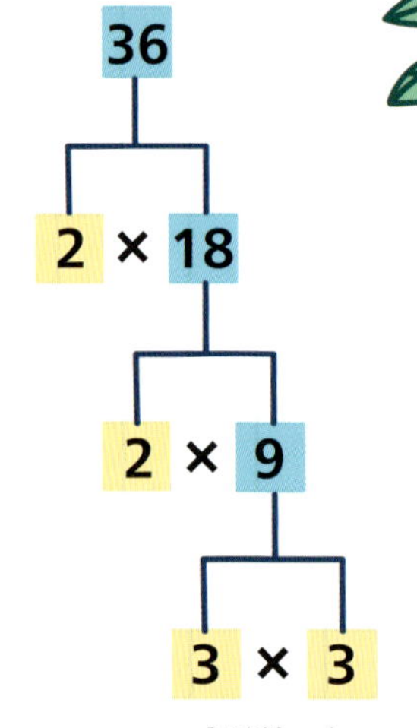


36を素因数に分けると
2 × 2 × 3 × 3になるよ。

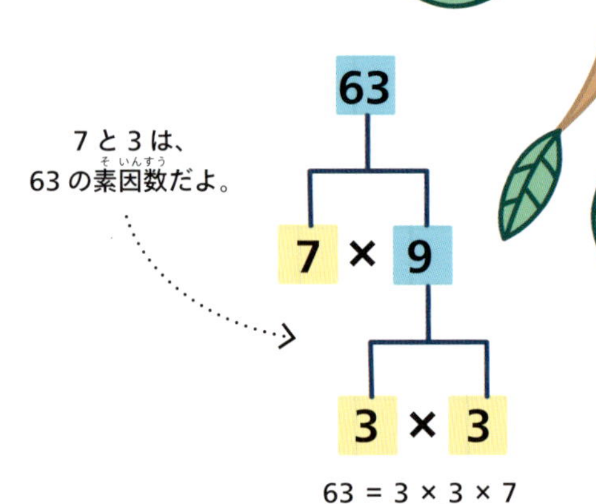


63 = 3 × 3 × 7
（素因数は
必ず小さい順に
ならべよう）

やってみよう

# 因数ツリーでデコレーション

因数ツリーをもとにカラフルなモビールをつくってみよう。

## 必要なもの

- ✔ 大人の人
- ✔ えんぴつ
- ✔ カラーペン
- ✔ 紙
- ✔ きり
- ✔ 4種類の大きさの丸いもの
- ✔ 色つきの厚紙（白い厚紙に色をぬってもいいよ）
- ✔ ひも
- ✔ はさみ

1. 因数ツリーをつくる数を決める。その数の素因数を求め、紙に書く。
2. いちばん大きい丸いものを厚紙の上におき、ふちをえんぴつでなぞる。線にそって切り、ペンで元の数を書く。
3. 2番目と3番目に大きい丸いものを厚紙の上におき、ふちをえんぴつでなぞる。線にそって切り、ペンで素数でない因数を書く。
4. いちばん小さい丸いものを厚紙の上におき、ふちをえんぴつでなぞる。線にそって切り、ペンで素因数を書く。
5. 大人の人に手伝ってもらいながら、いちばん大きい厚紙の下の部分に小さな穴をあける。ほかの厚紙は、上の部分に小さな穴をあける。
6. 因数ツリーになるように、厚紙の穴にひもを通す。完成したら、モビールをぶら下げよう！

ものごとのしくみ

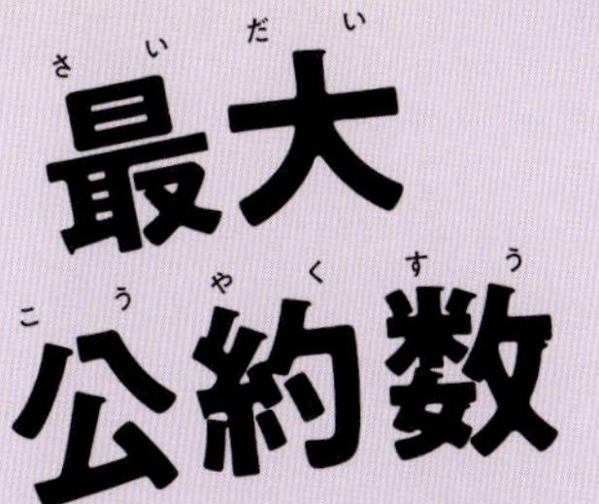


2つの数の素因数を求めれば、**最大公約数**を求めることもできるよ。最大公約数とは、2つの数に共通する因数のうち、いちばん大きい数のこと。求めかたは、両方に共通する数の素因数をならべ、その数どうしをかけるだけ。たとえば、36と63の最大公約数は、3×3＝9だ。

**36＝2×2×3×3**
**63＝　　　3×3×7**

## 倍数

**倍数**とは、ある数に整数をかけたときにできる数のこと。たとえば、5の倍数にはつぎのものがあるよ。

5（5×1）、10（5×2）、15（5×3）、20（5×4）、25（5×5）…

**公倍数**とは、2つ以上の数に共通する倍数のこと。たとえば、6（2×3）、12（2×2×3）、18（2×3×3）、24（2×2×2×3）は、どれも2と3と6の倍数だよね。2つの数の**最小公倍数**（いちばん小さな公倍数）は、素因数を使って求められるよ。それぞれの素因数をすべてかけてみよう。ただし、同じものがあるときは1回だけかけるようにしよう。

また36と63を例に使おう。それぞれの素因数をすべてかけると2×2×3×3×7＝252が最小公倍数になる。べんりでしょ？公約数も公倍数も、数を素数に分ければ求められるよ。

SEQUENCES

# 数列

数列は、ある規則にしたがって数をならべたものだよ。
数学には、うつくしい数のならびがたくさんあるんだ！

## だいじな ポイント

### フィボナッチ数列

とくに有名な数列の1つに、**フィボナッチ数列**がある。1、1、2、3、5、8、13、21、34、55…という数列なんだけど、どういう規則でならんでいるかわかるかな？ どの数も、直前の2つの数の合計になっているよ。（1＋1＝2、1＋2＝3、2＋3＝5、…）

## 知ってる？

### 黄金比

フィボナッチ数列でとなり合っている2つの数でわり算をすると、1.618…にかぎりなく近い数がえられる。たとえば21÷13は1.615…で、55÷34は1.618…だ。この1.618…は**黄金比**とよばれているよ（65ページ）。

## ものごとのしくみ

### ならびかたの規則

有名な数列はほかにもあるよ。
2つ紹介するね。

1. 三角数：正三角形の形にならべた点の個数でつくる数列

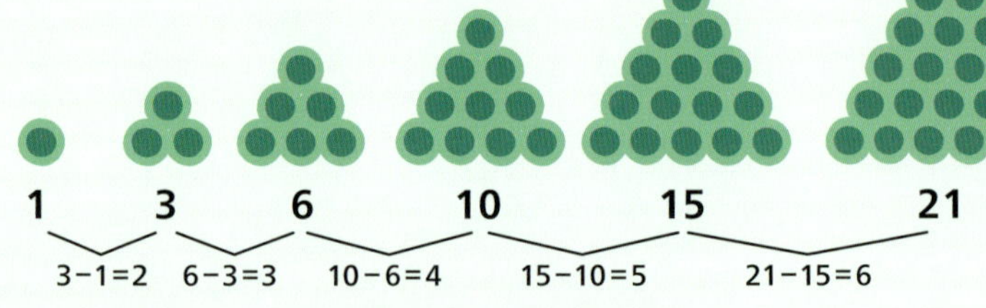

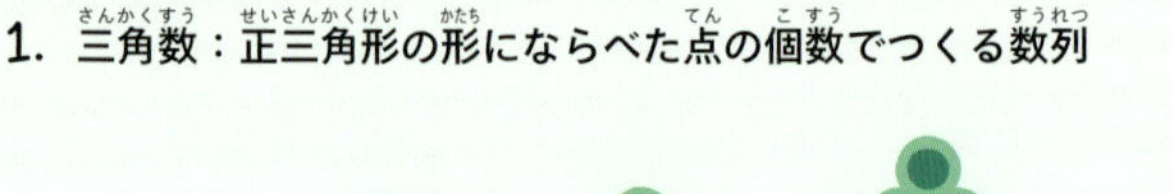


2. 四角数：正方形の形にならべた点の個数でつくる数列
$n^2$（n は整数）であらわせる

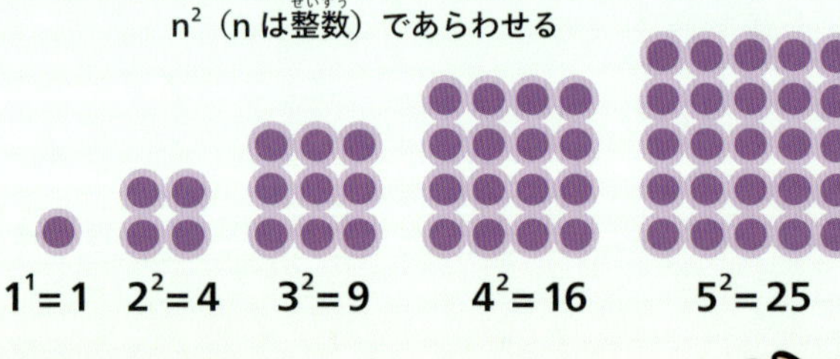

### フィボナッチの話

レオナルド・ダ・ピサ（1175年ごろ〜1250年ごろ）（別名フィボナッチ）は、イタリア人の数学者だよ。数列のほかに、いまの数の書きかたをヨーロッパに紹介したんだ。

# 音の列をつくろう

音楽も、数列のように音を規則的にならべてできているって知ってた？ 友だちといっしょに、いろいろな長さの音を並べて、音楽をつくってみよう！

## 遊びかた

- 全音符＝4つかぞえる
- 2分音符＝2つかぞえる
- 4分音符＝1つかぞえる

| 全 | | | | |
|---|---|---|---|---|
| 2分 | | | | |
| 4分 | | | | |

| 全 | | | | |
|---|---|---|---|---|

**1** 頭の中で4つかぞえながら、全音符をうたう。

| 全 | | | | |
|---|---|---|---|---|
| 2分 | | | | |

**2** 友だちに、2拍目から2分音符で、何かちがう音を出してもらう。

| 全 | | | | |
|---|---|---|---|---|
| 2分 | | | | |
| 4分 | | | | |

**3** もう1人の友だちに2拍目と4拍目に、またべつの音を4分音符で出してもらおう。

| 全 | | | | | | | | | | | | | | |
|---|---|---|---|---|---|---|---|---|---|---|---|---|---|---|
| 2分 | | | | | | | | | | | | | | |
| 4分 | | | | | | | | | | | | | | |

**4** これを、4分音符と同じ長さの休み（4分休符というよ）をはさんで、3回くり返そう。音の列の完成だよ！ 出す音をかえて、もう一度やってみてね。口ぶえも使ってみよう！

## 知ってる？

### 音の列をつかいこなすミュージシャンたち

曲をつくるレコーディングでは、楽器や歌声をべつべつにろく音してから、とくしゅな機械を使って音を1つの曲にまとめているよ。ミュージシャンがいっしょに演奏するときでも、自分のパートのタイミングや音のならびをしっかりと理解することで、最高の音楽をかなでているんだ！

# べんりな分数

分数は、ものの分けかたを考えるときにべんりな方法だ。わり算と同じように、全体を等分していることをあらわしているよ。

## 分子と分母

分数は、$\frac{1}{2}$のように、上と下に分けて書かれた数のことだよ。分数の上の数は**分子**、下の数は**分母**とよぶ。分数はわり算と似ていて、ある数の分けかたをあらわしているんだ。たとえば、ある数の$\frac{1}{2}$というのは、その数を2つに等分したうちの1つということだから、その数を2でわることと同じだよ。$\frac{1}{8}$にすることは、8でわることと同じなんだ。$\frac{2}{3}$なら、3つに等分したうちの2つということになるよ。

$\frac{1}{2}$　$\frac{1}{8}$

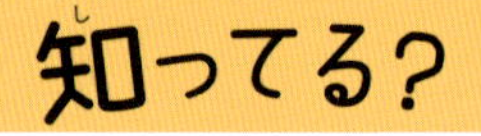


## 分数の使いかた

分数ということばは、その漢字が示すように、「数を分ける」という意味からきている。分数を使えば、あるものを等分したうちのいくつ分かをあらわすことができるんだ。たとえば、クラスの$\frac{2}{3}$はチョコレート派、$\frac{1}{3}$はアイスクリーム派というふうに使うよ。

$\frac{1}{3}$はアイスクリーム派

$\frac{2}{3}$はチョコレート派

ものごとのしくみ

## かんたんな分数になおす

$\frac{4}{16}$

$\frac{2}{8}$

$\frac{1}{4}$

書きかたはちがっていても、同じことを意味する分数について考えよう。ケーキを6等分したときの$\frac{2}{6}$（2切れ分）は、$\frac{1}{3}$と同じ量だよ。どちらも、3つでケーキ1個分だよね。

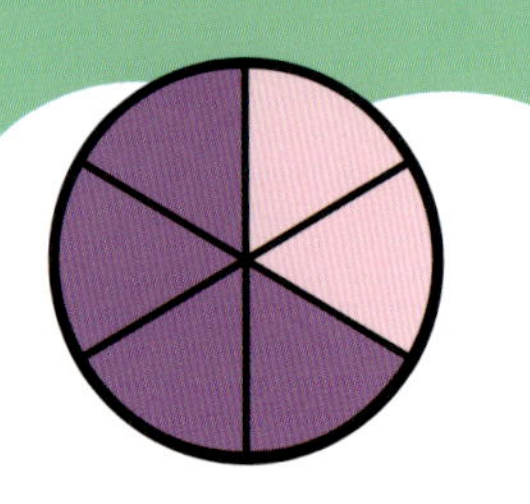

これを知っていれば、分数をかんたんな分数になおす（約分する）ことができる。たとえば、$\frac{4}{16}$を考えよう。この分数を約分するには、上と下の両方の数の最大公約数を見つければいい。4と16の最大公約数は4だよね。$\frac{4}{16}$を約分すると、上の絵のようになるよ。

## 知ってる？

# 分数どうしのくらべかた

$\frac{2}{5}$と$\frac{3}{8}$のように、分母がちがう分数に出会うこともある。この場合、ぱっと見ただけでは、どちらが大きいかわからないよね。かんたんにくらべる方法を紹介するよ。

1. 分母どうしの最小公倍数を求めて、新しい分母にする（5と8の最小公倍数は40）。
2. それぞれの分子に、新しい分母をもとの分母でわった数をかけて、新しい分子を求める。
   $2 \times 8 = 16$　　$3 \times 5 = 15$
3. できた2つの分数（$\frac{2}{5} = \frac{16}{40}$と$\frac{3}{8} = \frac{15}{40}$）をくらべる。これで$\frac{2}{5}$のほうが$\frac{3}{8}$より$\frac{1}{40}$だけ大きいことがわかる。

## やってみよう

# 分数のめいろにちょうせん

ひとりぼっちのエイリアンが、宇宙でまいごになっちゃった！ UFOで地球にたどり着いたエイリアンが、ふるさとに帰る方法を教えてほしいっていっているよ。分数を小さい順にたどって、生まれた銀河への帰りかたを教えてあげよう。

こたえは、この本の76ページにあるよ

DIVE INTO DECIMALS

# 小数

小数も分数と同じで、整数と整数の間の数をあらわすことができるよ。さあ、小数の海に飛びこんでみよう！

## だいじな ポイント

### 小数ってどんな数？

小数は、整数をさらに細かく分けた数のことだよ。たとえば、数直線上の5と6を考えてみよう。2つの間にはすきまがあるよね。このすきまの間にある数が小数だ。5と6の間を10等分した数は、小数点をつけて、5.0、5.1、5.2、5.3、…5.9のように書くことができるよ。5.1と5.2の間をさらに10等分して、5.10、5.11、…5.19のようにあらわすこともできるよ。

**78.84**

- 十の位
- 一の位
- 小数点
- 小数第一位
- 小数第二位

## ものごとのしくみ

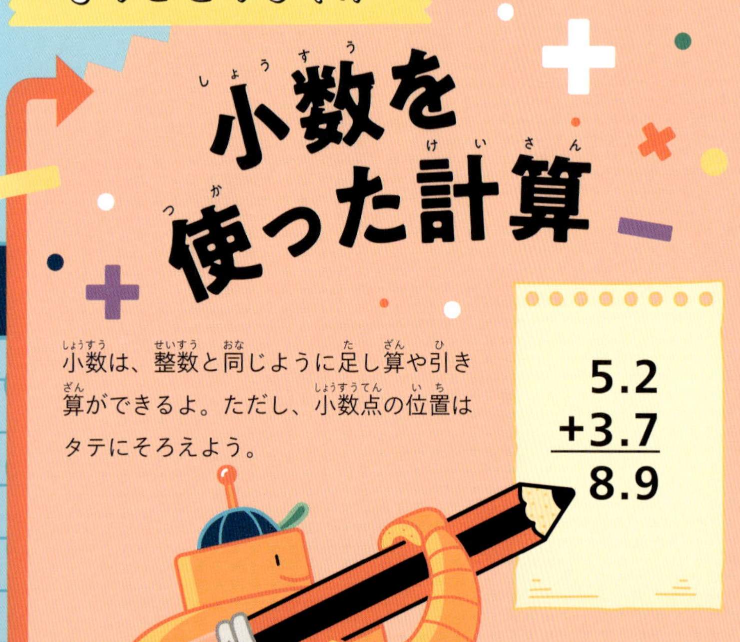

### 小数を使った計算

小数は、整数と同じように足し算や引き算ができるよ。ただし、小数点の位置はタテにそろえよう。

$$\begin{array}{r} 5.2 \\ +3.7 \\ \hline 8.9 \end{array}$$

かけ算も、整数のかけ算と似ている。かけ算をする数の小数点の右に数が1つある場合は、こたえの数でも小数点の右に数が1つくるよ。かけ算をする数の小数点の右に数が2つある場合も同じように、こたえの数の小数点の右に数が2つくるんだ。

$$\begin{array}{r} 5.2 \\ \times\ \ 7 \\ \hline 36.4 \end{array}$$

小数に10をかけると、小数点は右に1ケタ動く。100をかけると、小数点は右に2ケタ動くよ。

40.6 × 10 = 406.0

40.6 × 100 = 4060.0

## ネイピアの話

スコットランドの数学者ジョン・ネイピア（1550～1617年）は、小数点を使うことを広めた人だよ。

### 知ってる？

## 10等分のヒミツ

どうして数を10等分することが多いのか、フシギに思ったことはあるかな？ 8等分でも12等分でもないのはなぜだろう？ わたしたちが10を基準に考えるのは、もともと10本の指で数えていたからだといわれているんだ。

### やってみよう

# 小数を使ったトランプ遊び

小数の大きさをくらべて遊ぶゲームだよ。友だちといっしょに対戦してみよう。

### 必要なもの

- ✔ 紙
- ✔ はさみ
- ✔ えんぴつ
- ✔ トランプカード…1箱

1. 紙を切って、トランプカードと同じくらいの大きさのものを2枚つくる。
2. それぞれの紙に「0.」と書き、2人のプレイヤーが1枚ずつもつ。
3. トランプからキング、クイーン、ジャック、10をとりのぞく。エース（A）は1として使うよ。
4. トランプをよくきってから、テーブルに山札としておく。各プレイヤーが山札から1枚ずつひき、表を上にして「0.」の紙の横におく。できた小数をメモする。
5. ④をくり返す。できた小数を足していって、先に合計が0.9以上になったプレイヤーに1点が入る（9のカードをひいたら、その時点で1点が入るよ）。点数は紙に記録しよう。点が入ったら、使ったトランプをわきにどかし、また④をくり返す。
6. 山札が全部なくなったら、ゲーム終了だ。点数が多かったほうの勝ちだよ。

PERFECT PERCENTAGES

# 百分率（パーセント）

百分率も、等分したうちのいくつ分かをあらわすよ。テストの点数をあらわしたり、選挙で投票した人の割合をあらわしたり、明日どのくらい雨がふりそうかをあらわしたりできるんだ。

## だいじなポイント

### 100分の○○

漢字を見ればわかるように、百分率は100分のいくつかをあらわす方法だ。たとえば「68パーセントの人が月に1回映画館に行く」は、100人の人がいたら、映画館に行くのは68人という意味だよ。
百分率は、分母が100の分数と考えることもできる。68パーセントは$\frac{68}{100}$。小数であらわすと、0.68だよ。

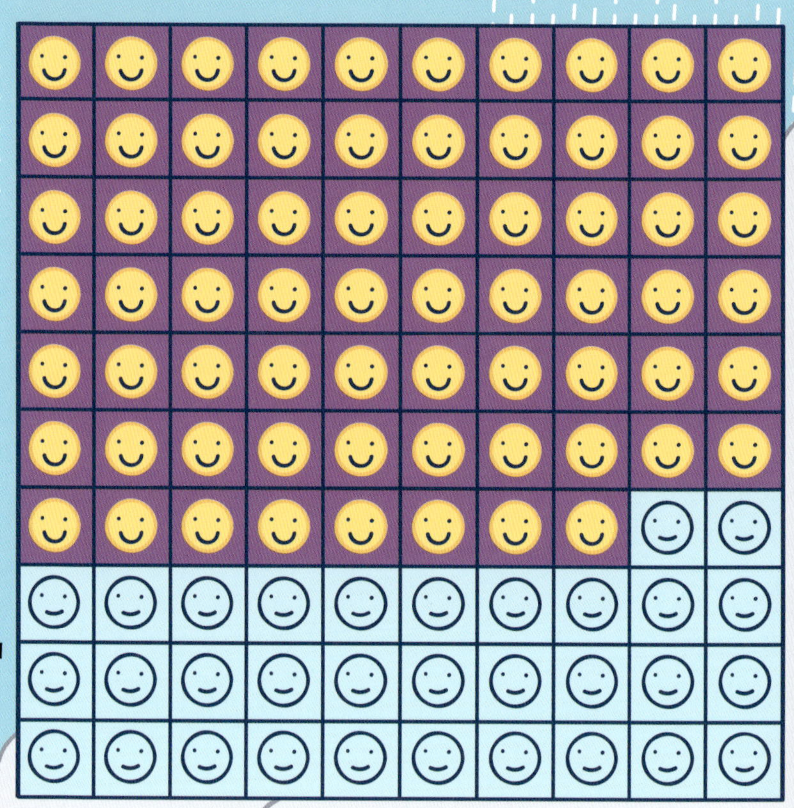

100を100等分したうちの68個分に色をぬったよ。

## ものごとのしくみ

### 百分率の記号 %

百分率は、「%（パーセント）」という記号であらわす。よく見ると「/」の両側に0が2つあって100に似ているけど、1つで割合をあらわす記号なんだ。めったに見かけないけど、千分率をあらわすパーミル（‰）や、万分率をあらわすパーミリアド（‱）という記号もあるよ。

## だいじなポイント

### 生活の中の百分率

何かの量がふえたりへったりしたことを示すときに、百分率が使われることがあるよ。シャツの値段がセールで10%割引になったり、クッキー1箱が5%値上がりしたりとかね。そんなときは、百分率を小数にかえると計算しやすいよ。たとえば、1万円の自転車が20%値上がりした場合は、10000×1.20を計算すれば、こたえは1万2千円と求められる。

## 知ってる？

### 110%の力は出せる？

スポーツ選手はよく「110%の力を出しました」とかいうよね。ふつうは、100%より大きい力が出ることはありえない。だって、百分率は100等分したうちの割合をあらわす数だからね。でも、何かが100%以上ふえたということはできるよ。たとえば、70の200%は、140になる（70×2＝140）。

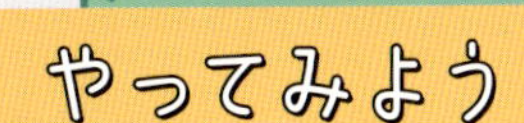


# 数をかぞえてグループ分け

ある大きなグループの合計の数（＝わる数）

それぞれの種類の数（＝わられる数）

百分率を使うと、大きなグループの中の小さなグループどうしをくらべることができる。

$$\frac{\text{わられる数}}{\text{わる数}}$$

ものの数をかぞえるときは、たいてい、種類ごとにグループ分けして、それぞれの割合をあらわすことができるよ。

全部で250個あるうちの100個を1つのグループにまとめた場合、その割合はつぎのようにあらわせる。

$$\frac{100}{250} = \frac{40}{100} \text{ または } 40\%$$

大きなグループの中にグループがいくつもあるときは、小さなグループどうしをくらべられる。こういうデータは、人を説得したいときに役に立つよ（60ページ）。

100を基準に考える

### 必要なもの

- ✔ ノート
- ✔ えんぴつ

**1** 家の中や近所を歩いて、いろいろなグループを見つけよう。そのグループには、どんな種類のものがあるかな？

- もっているシャツの色の種類
- 冷蔵庫の中にある食べ物の種類
- 近所にある家の種類
- 近所にいる動物や、近所で飼われているペットの種類

**2** 下のような表を書いて、いろいろな種類の割合を求めてみよう。

| グループの名前 | グループの全体の数（わる数） | グループの中の種類Aの数（わられる数） | グループの中の種類Bの数（わられる数） | 種類Aの割合（%） | 種類Bの割合（%） | 割合が多い種類（AかB） |
|---|---|---|---|---|---|---|
| 例：ペット | 200匹 | 猫82匹 | 犬118匹 | 41% | 59% | 犬 |
| | | | | | | |
| | | | | | | |

MEASUREMENT AND ROUNDING

# 単位とがい数

料理をつくるときも、工事や研究をするときも、お金を使うときも、何がどのくらいあるかを理解する能力がかかせないよ。

ものごとのしくみ

## メートル法とヤード・ポンド法

長さの単位の種類には、**メートル法**と**ヤード・ポンド法**がある。メートル法は世界のほとんどの国が使っていて、10のるい乗を基準にした単位の集まりだ（100センチメートル＝1メートル、1000メートル＝1キロメートルなど）。アメリカのヤード・ポンド法はもっと古くにつくられた単位の集まりで、インチ、フィート、マイル、ポンドなどの単位を使うよ。

**1メートルは約3.28フィート**

キロメートル 0001.0

**1キロメートルは約0.6マイル**

マイル 0000.6

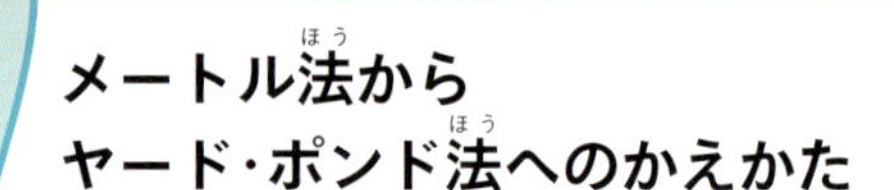

だいじなポイント

## 単位

何かをはかった結果を書きとめるときは、必ず**単位**をつけないといけない。たとえば、ものの長さをはかったとしよう。ただ「100」とだけ書いても、センチメートルか、メートルか、キロメートルなのかわからないよね。単位のちがいは大切だよ！

| | | | | |
|---|---|---|---|---|
| | 長さ | センチメートル（cm） | メートル（m）（100cm） | キロメートル（km）（1000m） |
| | 重さ | グラム（g） | キログラム（kg）（1000g） | トン（t）（1000kg） |
| | 時間 | 秒 | 分（60秒） | 時間（60分） |

やってみよう

## いろいろなものの長さをはかろう

いろいろなものの長さをはかるよ。メートル法からヤード・ポンド法へのへんかんにもちょうせんしよう！インチは自転車やテレビ画面の大きさを示すときに使われているね。

### 必要なもの

- ✔ ノート
- ✔ えんぴつ
- ✔ じょうぎと巻き尺（片方だけでもだいじょうぶ）
- ✔ 手伝ってくれる人

**メートル法からヤード・ポンド法へのかえかた**

・1センチメートル（cm）は約0.394インチ（in）
・1メートル（m）は約3.28フィート（ft）

1. じょうぎや巻き尺ではかれる体の部位をノートに書き出す（手、顔、口、耳、うでなど）。
2. じょうぎと巻き尺を使って、それぞれの部位をはかる。長さをノートに書く。自分ではかれないときは、だれかに手伝ってもらおう！
3. 書き出した長さを、ヤード・ポンド法のインチやフィートの単位にへんかんしてみよう。

## だいじな ポイント

### がい数って何だろう？

**がい数**とは、およその数のこと。何かの数を示すときに、あまり細かい数は必要なくて、だいたいの長さや重さがわかればいいときもあるよね。たとえば、ものすごく正確なはかりを使ったときに、ものの重さが7.85772373kgだったとする。ほとんどの場合、こんなに細かい値は必要ない。そんなときは、小数第1位までのがい数にしよう。小数第2位が5以上のときは小数第1位に1を足し（**切り上げ**）、5より小さいときは小数第2位以下をそのまま消す（**切り捨て**）。これらの操作を**四捨五入**というよ。この方法で上の数をがい数にすると、7.9kgになるよ。

5より小さいときは
切り捨てる
5以上のときは
切り上げる
四捨五入の
方法
1
2
3
4
5
6
7
8
9

## やってみよう

# がい数でビンゴ

| | | |
|---|---|---|
| 3 | 1 | 6 |
| 5 | FREE | 0 |
| 7 | 4 | 2 |

このゲームは2人（または2チーム）でやろう。がい数の知識を使って遊ぶ、対戦ゲームだよ。
この表を紙に書き写して、それぞれのプレイヤー（またはチーム）に1枚ずつわたす。こうごにサイコロを2つふって小数をつくろう。出た目が2と1なら、2.1の小数になるよ。そして、表の中の、できた小数にいちばん近い数をバツで消す。タテ、ヨコ、ナナメのどれかのバツがそろったらビンゴだよ。だれが早くビンゴになったかな？

あれれ!?
0は消せない
かも!?

MONEY AND INTEREST

# お金と利子

お金をどこにあずけるかで、お金のふえかたがかわるよ！
お金と利子の関係について見てみよう。

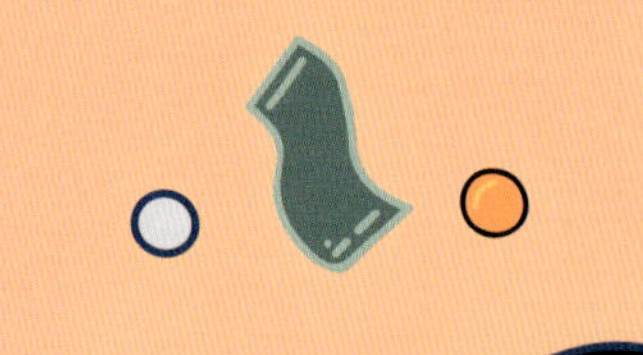

## だいじな ポイント

### お金と通貨

お金は、小数や百分率と似ているところがあるんだ。大きなお金を100等分して、小さな金額にくずせたりするからね。それから、どの国にもそれぞれの**通貨**（お金の種類）がある。多くの通貨には大きな単位のお札と硬貨に加えて、小さな単位の硬貨がある。たとえば、イギリスには大きな単位のポンドと小さな単位のペンスがあって、1ポンドは100ペンスと等しいよ。

## やってみよう

10円玉を使ったパズルをとけるかな？

### 必要なもの

- ✔ 10円玉…15枚
- ✔ 小さなふくろ…4つ

10円玉15枚を4つのふくろに分けて入れよう。できた4つのふくろを組み合わせるだけで、10円（1枚分の値段）から150円の値段までのすべてを払えるようにするには、どのように分けたらいいかな？（ふくろからお金を必要な分だけ出して払うのはダメだよ。）

こたえは、この本の76ページにあるよ

# 利子の計算のしかた

銀行に口座をつくって、そこにお金をあずけておくと、銀行が少しだけお金をくれる。これを**利子**とよぶんだ。利子の割合（**利率**）は百分率であらわすから、「貯金の利率は2%」のようにいうよ。たとえば、1万円をあずけて1年後に2%の利子がつく場合、1年後には10000×1.02＝10200円と計算するんだ。

やってみよう

## 将来のために貯金の計画を立てよう！

10年間でどのくらいのお金をためられるか、計算してみよう。

### 必要なもの

✔ 電卓

利子は、つぎの式で計算できるよ。
（ついた利子に、さらに利子がつかないものとして計算しよう）

$$I = P \times R \times T$$

**I**は、貯金につく利子の金額
**P**は、銀行にあずけたお金（**元金**ともいう）
**R**は、利率
**T**は、あずけておく時間（年数）をあらわす

たとえば、利率3.5%の銀行口座に1万円を5年間あずけておくと、10000円×0.035×5＝1750円の利子がつく。じゃあ、利率2.5%の銀行口座に5万円を10年間あずけておくと、いくら利子がつくかな？ 電卓で計算してみよう。

クイズコーナー

### ドロボーなぞなぞ

ドロボーがお店にやってきて、店長が見ていないすきにレジからこっそり1万円をぬすんでしまったよ！ ドロボーはそのあと、そのお店で8千円のものを買って、店長から2千円のおつりをもらった。店長は、全部でいくら損をしてしまったかな？

こたえは、この本の76ページにあるよ

GOING IN CIRCLES

# まんまるの図形・円を知ろう

円は、数学の中でもとくに大切な図形だよ。古代ギリシャの数学者は、円はかんぺきな図形だと考えていたんだ。円のことを知れば、きみもそう思うはずだよ！

## 知ってる？

### いろいろな部分の名前

円にはいろいろな部分があって、それぞれにとくべつな名前がつけられている。とくにだいじなのは、**直径**（中心を通る円のはしからはしまでの長さ）、**半径**（中心からはしまでの長さ）、**円周**（円のまわりの長さ）だよ。

そのほかにも、**弦**（円周上の2つの点をむすぶ線分）、**弧**（円周の一部分）、**接線**（円周上の1点だけに接する線）があるんだ。

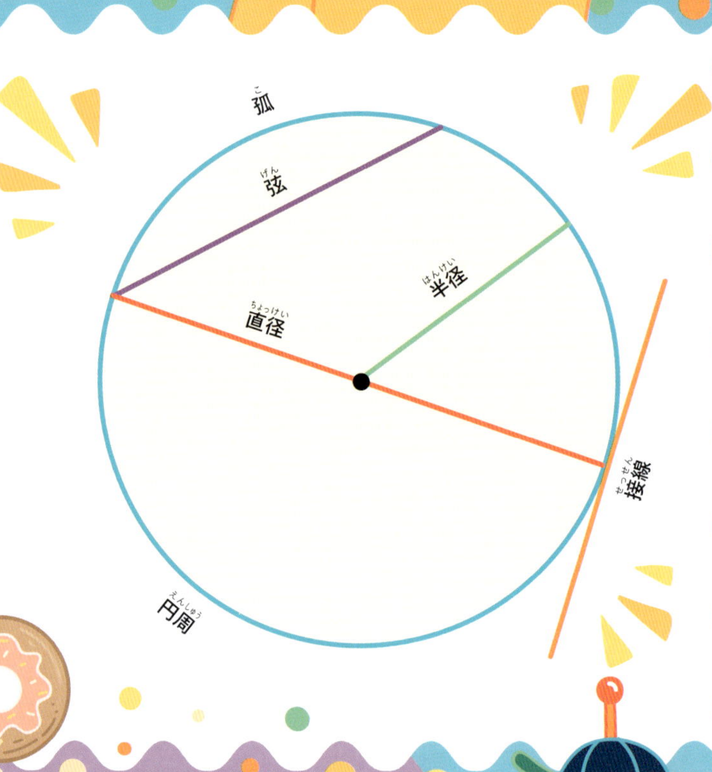


## だいじなポイント

### 円周率（π）

円の半径と円周の間には、とくしゅな関係があるよ。半径の2倍（直径）で円周をわると、いつでも同じ数（3.14159…）になるんだ。このとくしゅな数のことを、**円周率**とよぶ。円周率は「π」と書き、「パイ」と読むよ。10円玉くらいの小さな円でも、惑星の軌道くらいの大きな円でも、円周の長さは必ず2×半径×πになるんだ。くわしくは、64ページを見てね。

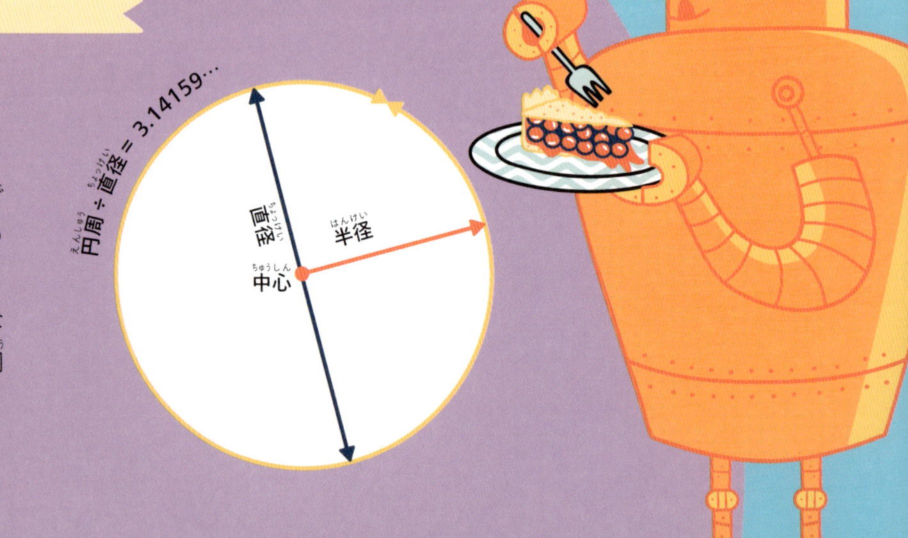

## 知ってる?

### 滑車のヒミツ

身のまわりを見てみると、円の形が入ったものがいろいろ見つかる。太陽にも、月にも、ピザにも、時計にも、お皿にも、円が入ったものがあるね。車輪、ギア、滑車など、重要な発明で使われているものもあるよ。

滑車は、大昔から使われてきた、たんじゅんなつくりの円形の装置だ。滑車を使うと重いものをラクにもち上げられるよ。

滑車は、車輪にロープを回せるつくりになっていて、ロープを引くと、荷物が上がるしくみだ。右の絵のように、2つの滑車を組み合わせると、もっとラクに荷物を上げられる。これは2本のロープが重さを分け合うからなんだ。ただし、ロープを引く長さは2倍になるよ。

滑車のしかけは、クレーン、エスカレーター、エレベーターなどの機械で使われているんだ。

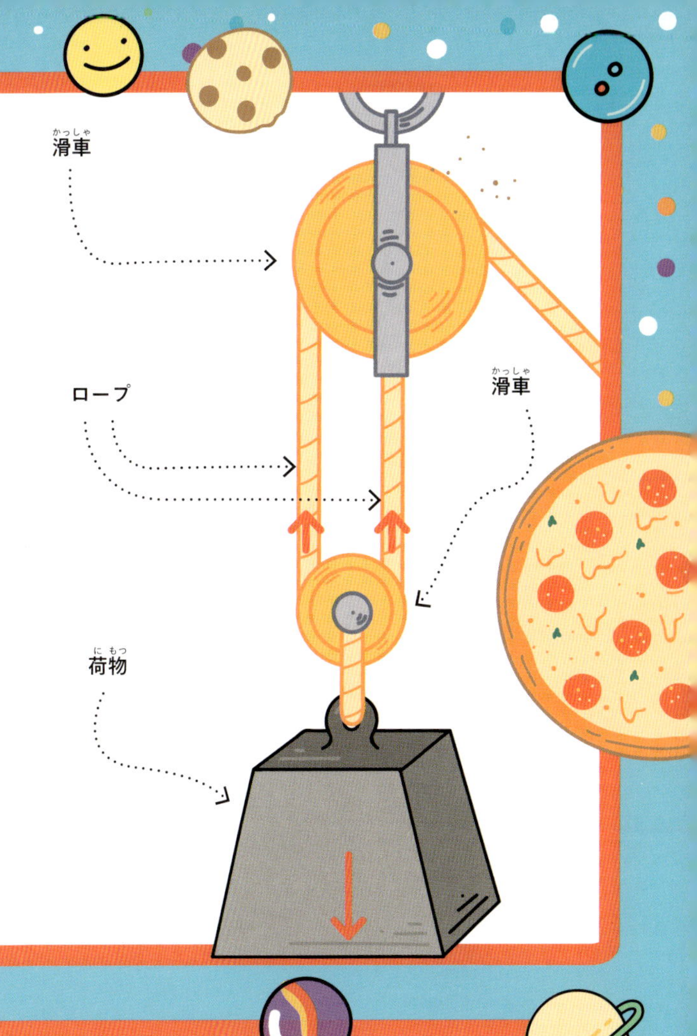


## やってみよう

# 円の中心を見つけてみよう

どうやったら円のちょうど真ん中を見つけられるか、考えたことはあるかな? かんたんに見つける方法を教えるよ。

### 必要なもの

- ✔ ノート
- ✔ えんぴつ
- ✔ じょうぎ
- ✔ 丸いもの（直径がじょうぎより短いもの）

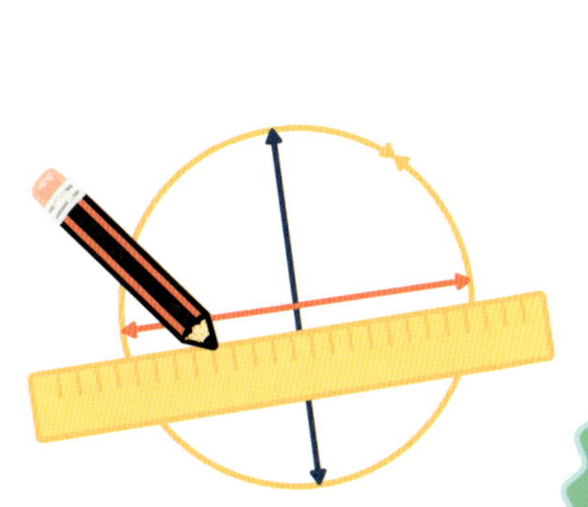

1. 丸いものを紙の上におき、ふちをなぞって円をかく。
2. じょうぎのはしと円のふちをあわせる。あわせたはしを中心に、もう片方のはしを回転させる。円のいろいろな部分をはかり、いちばん長くなる場所を見つけたら、円を横切る線を引く。
3. じょうぎのはしと円のべつのふちをあわせ、手順②のようにもう1本直線を引く。2本の直線が交わったところが、円の中心だよ。

## 知ってる?

### 面積の求めかた

円周率は、円の円周以外とも関係がある。円周率と半径（r）を使えば、円の内側の広さ（面積）を求められるんだ。円の面積は下の式で求められるよ。

$\pi \times r \times r$ または $\pi r^2$

PERIMETER, AREA AND VOLUME

# 外周、面積、体積

もののの大きさを、きみならどうやって説明する？「ものが大きい」ってどういう意味だろう？ 数学の知識があれば、ものの大きさを具体的に説明できるよ。その方法を見てみよう！

## 1次元、2次元、3次元

図形の**外周**とは、図形のまわりをぐるっと1周したときの長さのこと。外周は、1次元の単位（センチメートルなど）であらわすよ。図形の**面積**は、外周の内側の広さのことで、$cm^2$（「平方センチメートル」とよむ）などの2次元の単位であらわすんだ。最後に、**体積**は、3次元（立体）のものがしめる空間の大きさのことだよ。単位は、$cm^3$（「立方センチメートル」とよむ）などを使うよ。

外周 = 5 cm + 5 cm + 7.5 cm + 7.5 cm = 25 cm

## 知ってる？

### 単位の右上の数字のヒミツ

その数が外周か、面積か、体積かを見分けるには、単位の右上の数字（るい乗の指数）を見ればいい。cm（げんみつには $cm^1$）は1次元の単位だから外周だ。$cm^2$ は2次元の単位だから面積、$cm^3$ は3次元の単位だから体積だよ。

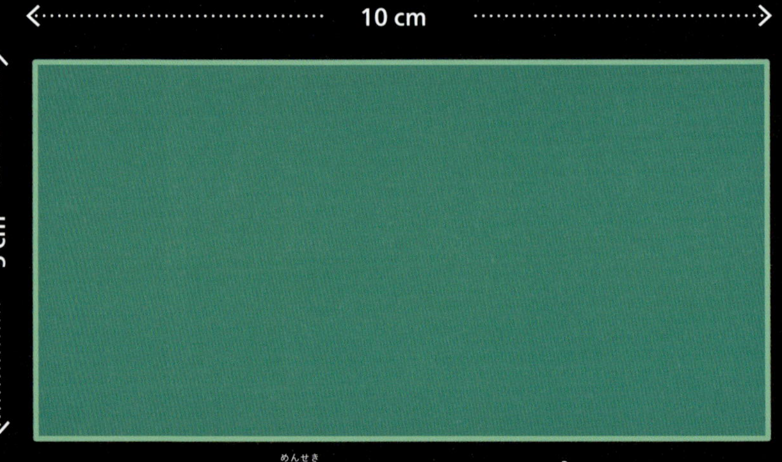


面積 = 5 cm x 10 cm = 50 $cm^2$

やってみよう

# 図形の面積と体積の求めかた

よくある図形の外周、面積、体積は、**公式**を使うことで求められるよ。

- 正方形の外周＝4×1辺の長さ
- 長方形の外周＝
  2×（長い辺の長さ＋短い辺の長さ）
- 円の円周＝2×π×半径

- 正方形の面積＝（1辺の長さ）$^2$
- 長方形の面積＝短い辺の長さ×長い辺の長さ
- 円の面積＝π×（半径）$^2$

- 球の体積＝$\frac{4}{3}$×π×（半径）$^3$
- 立方体の体積＝（1辺の長さ）$^3$
- 直方体の体積＝
  高さ×底面の短い辺の長さ×底面の長い辺の長さ
- 円柱の体積＝π×（半径）$^2$×高さ

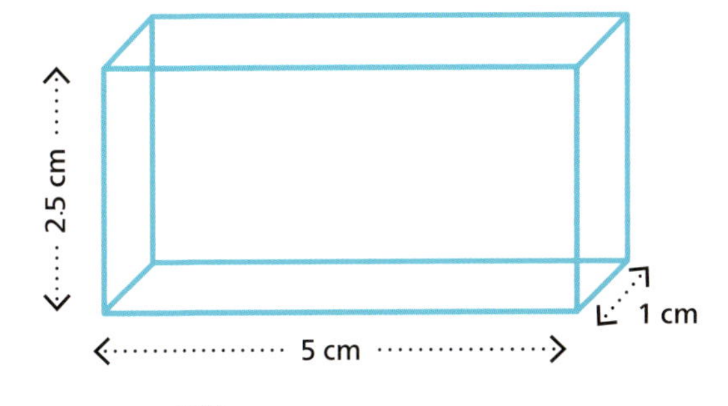


**体積** = 2.5 cm x 1 cm x 5 cm = 12.5 cm$^3$

## クイズコーナー

### 地球が動いている速さはどのくらい？

地球は、太陽から1億4960万kmはなれている。地球の軌道が円だとすると、地球の通り道がえがく円の直径はどのくらいだろう？そのきょりを1年で進むということは、1時間にどのくらい進んでいるかな？（1年はうるう年を考えると約8766時間だよ。）

こたえは、この本の76ページにあるよ

## クイズコーナー

### バースデーケーキ

外周81センチメートルのバースデーケーキをつくる場合、ろうそくを立てる面積をいちばん大きくするには、ケーキの上面をどの形にするのがいいかな？円、正方形、長方形のどれだろう？

この形は円柱

こたえは、この本の76ページにあるよ

## ヒポクラテスの話

キオス島生まれのヒポクラテス（紀元前470年ごろ～紀元前410年ごろ）は、古代ギリシャの数学者だよ。円の面積が、半径の2乗と関係していることをはじめて発見したんだ。

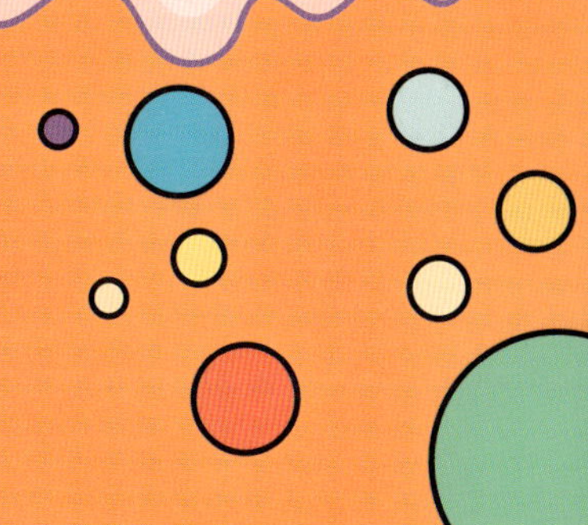

# 角度

角度は、2つの線が交わったところの開きぐあいをあらわす単位だよ。単位は「度」で、記号は「°」を使うんだ。たとえば、2つの線をぐるっと1周した円の角度は360度（°）だ。

## だいじなポイント

### 分度器

2つの線を1周させると360°で、半周だと180°で、$\frac{1}{4}$周だと90°（直角）だ。角度は、分度器という道具ではかれるよ。下で紹介するように、それぞれの角度には名前がついているんだ。

## ものごとのしくみ

## 角度の種類

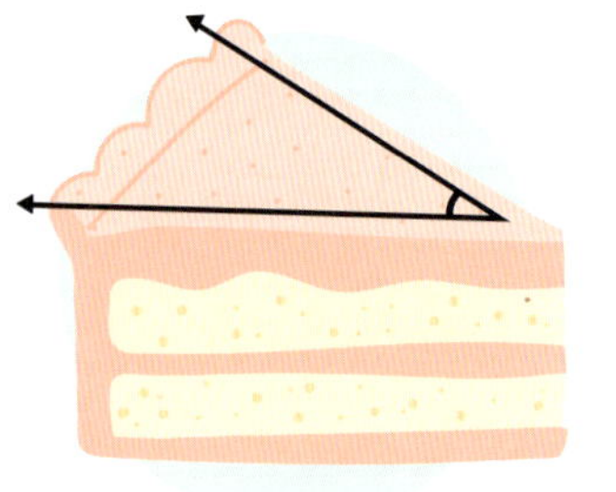

**鋭角**

90°より小さい角度は鋭角とよぶ。

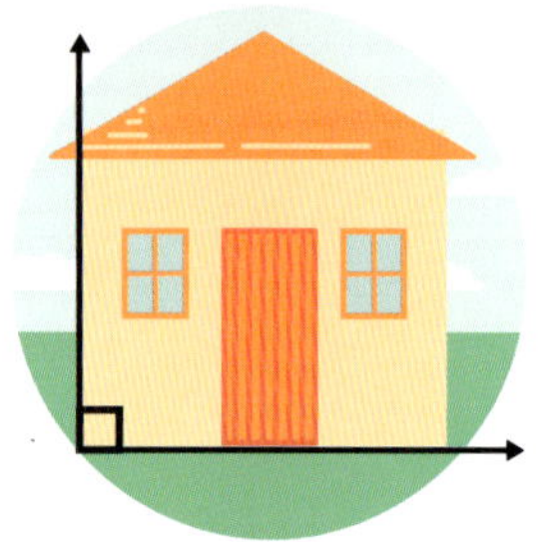

**直角**

ちょうど90°のときの角度は直角とよぶ。

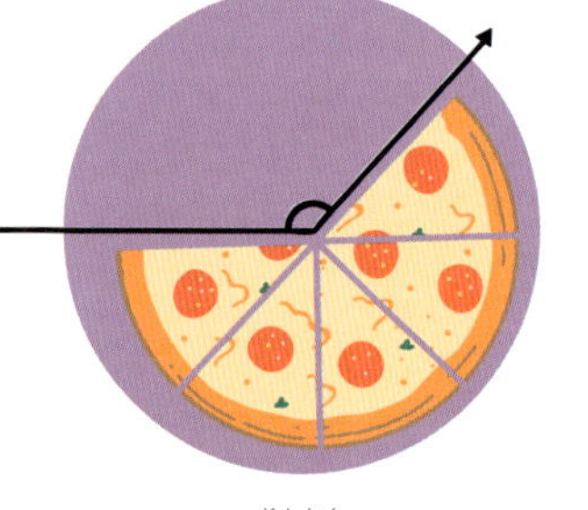

**鈍角**

90°より大きくて180°より小さい角度は鈍角とよぶ。

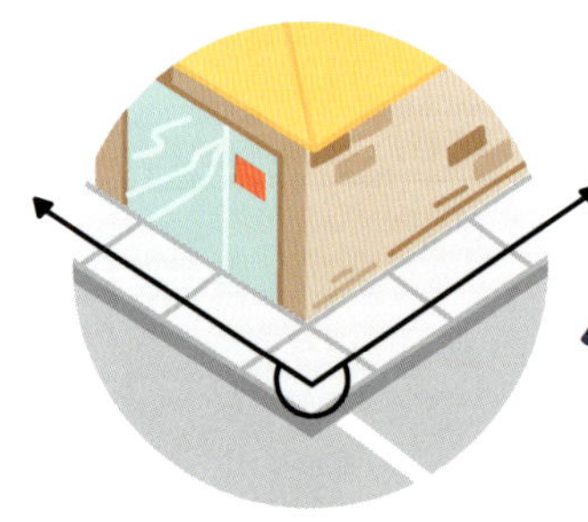

**優角**

180°より大きくて360°より小さい角度は優角とよぶ。

やってみよう

# 木の高さをはかってみよう

木やビルみたいに、巻き尺が届かないほど高いものの高さは、どうやってはかろう？ そんなときは、つぎのようにしてはかれるよ。

## 必要なもの

- ✔ 正方形の厚紙
- ✔ セロハンテープ
- ✔ ストロー
- ✔ 重り（ワッシャーやナットなど）
- ✔ ひも
- ✔ きり
- ✔ 高いもの（木やビルなど。まわりが開けていること）

1. 厚紙を対角線で半分に折って、三角形をつくる。はしをテープでとめる。

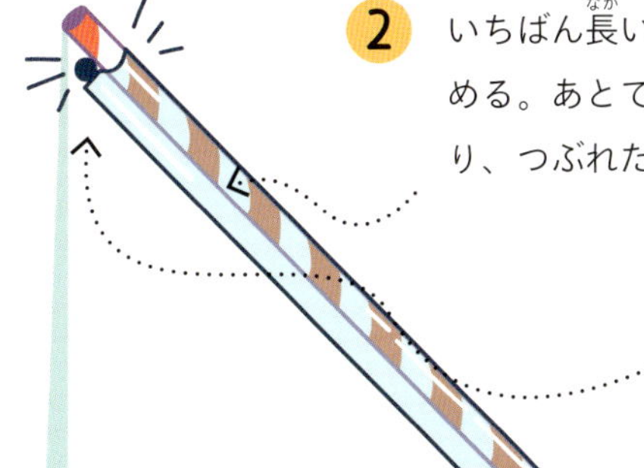

2. いちばん長い辺にストローをくっつけ、テープでとめる。あとでストローの中をのぞくから、曲がったり、つぶれたりしていないことをかくにんしよう。
3. 直角の角が左下にくるように厚紙をもつ。直角の上のほうの、ストローのすぐ下に小さな穴をあける。
4. 穴にひもを通し、厚紙の下の辺よりもずっと下までたれるように、ひもの長さを調せつしよう。
5. ひもに重りを通したら、ひもがぬけないようにむすび目をつくる。
6. ひもをたらしていないほうの側からストローの穴をのぞき、木やビルのてっぺんを見る。
7. ストローの穴から木やビルのてっぺんがちょうど見えて、右の絵のようにひもが厚紙の辺とぴったりあうようになるまで、近づいたり遠ざかったりする。
8. このときの木やビルからきみまでのきょりに、きみの目の高さを足したものが、だいたい木やビルの高さになるよ。

## 実験のかいせつ

厚紙でつくった三角形は、**直角二等辺三角形**だ（36ページ）（直角でない2つの角の角度はどちらも45°）。ひもと辺がぴったりあうとき、ストローの角度は45°になるから、木やビルの高さときみからのきょり（＋目の高さ）が等しくなるんだ。

TERRIFIC TRIANGLES

# いろいろな三角形

**三角形は、辺が3本ある、平べったい2次元の図形だ。ものすごく安定する形だから、建物でよく使われているよ。身のまわりを見れば、三角形がすぐに見つかるはずだ！**

## だいじな ポイント

### 三角形の種類

三角形には、おもに4つの種類がある。辺の長さや内側の角度によって、種類分けができるよ。

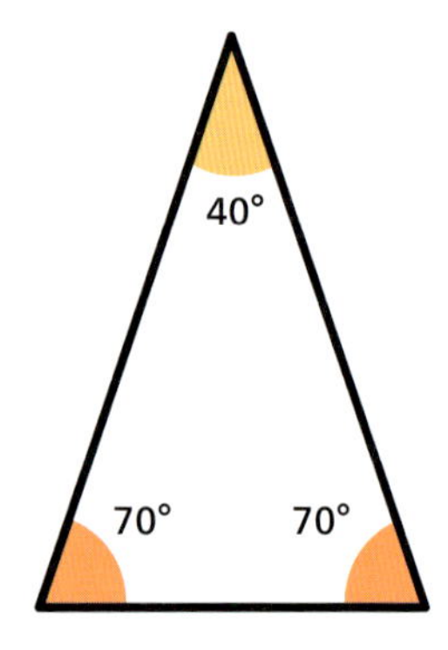


**二等辺三角形**は、2本の辺の長さが同じ三角形のこと。三角形の内側の2つの角度が同じだよ。

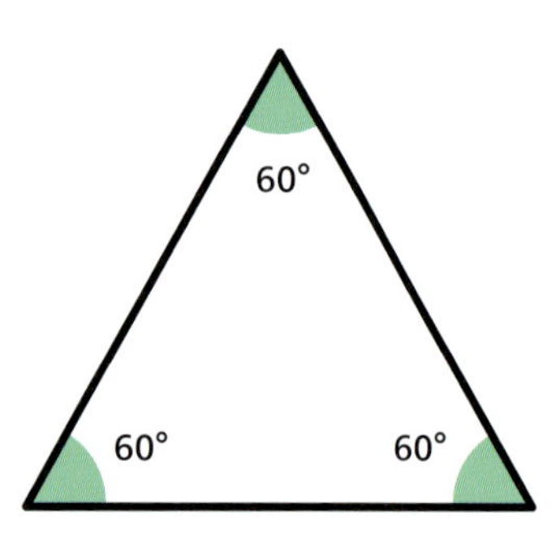


すべての辺の長さが等しい場合、その三角形は**正三角形**とよぶ。正三角形では、内側の角度は全部同じ60°だよ。正三角形は特別な二等辺三角形ともいえるね。

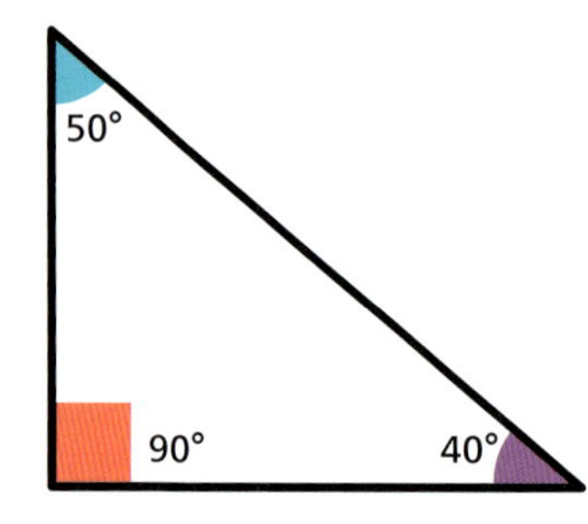


内側のどれかの角度が90°に等しいとき、その三角形は**直角三角形**とよぶ。

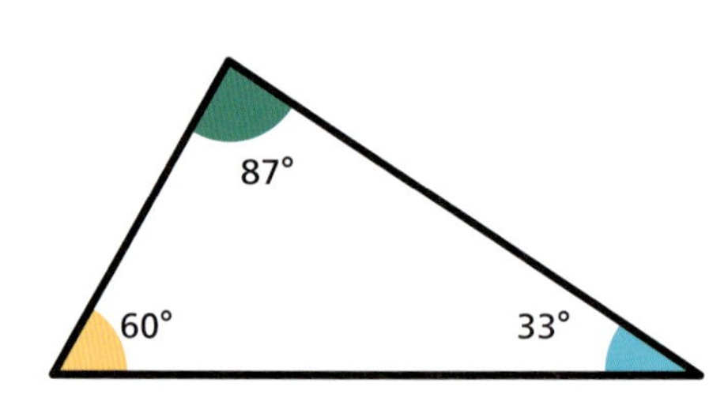


3本の辺の長さや、内側の3つの角度が全部ちがう三角形もある。これは、**不等辺三角形**とよばれているよ。

## 知ってる？

### 三角形の内側の角度のヒミツ

三角形という名前は、角が3つあることからきている。平らな紙に三角形をかいた場合、3つの角度（**内角**）を足すと、必ず180°になるよ。

b

$a + b + c = 180°$

a

c

### ユークリッドの話

古代ギリシャの数学者ユークリッド（紀元前350年ごろ〜紀元前270年ごろ）は、三角形など、平面の図形の規則を本にまとめた人だよ。彼の考えにもとづく学問を、ユークリッド幾何学というんだ。

## クイズコーナー

### 三角形はいくつある？

この図形には、三角形がいくつあるかな？

こたえは、この本の76ページにあるよ

## 知ってる？

### 180°にならない三角形

平らな面に三角形をかいたら、内角の合計は必ず180°になる。じゃあ、地球の表面にえがいた三角形の場合はどうだろう？ 下の絵を見て。内角を足すと、180°より大きくなるよね。曲がった面にかいた三角形には、ユークリッド幾何学の規則があてはまらないんだ。

## やってみよう

# 身のまわりの三角形をさがそう

三角形は、かくのがとてもかんたんだし、どこにでもある図形だよね。たんていになったつもりで、身のまわりの三角形をさがしてみよう！

### 必要なもの

- ✔ 大人の人
- ✔ ノート
- ✔ えんぴつ
- ✔ カラーペン

1. 大人の人といっしょに、街の中心など、建物がたくさんある場所をさんぽしよう（家の近所でもいいよ）。
2. 身のまわりをよくかんさつして、三角形をさがそう。
3. 三角形を見つけるたびに、その三角形のものをノートにえんぴつでかき、カラーペンで内側に色をぬる。
4. 三角形の種類も書いてね。正三角形、二等辺三角形、不等辺三角形、直角三角形のどれだろう？

PYTHAGORAS'S THEOREM AND TRIGONOMETRY

# ピタゴラスの定理と三角法

ある三角形の一部の角度や長さはわかっているけど、かんじんな部分の角度や長さの情報がないってこともあるよね。そんなときは、三角法を使おう！

## だいじなポイント

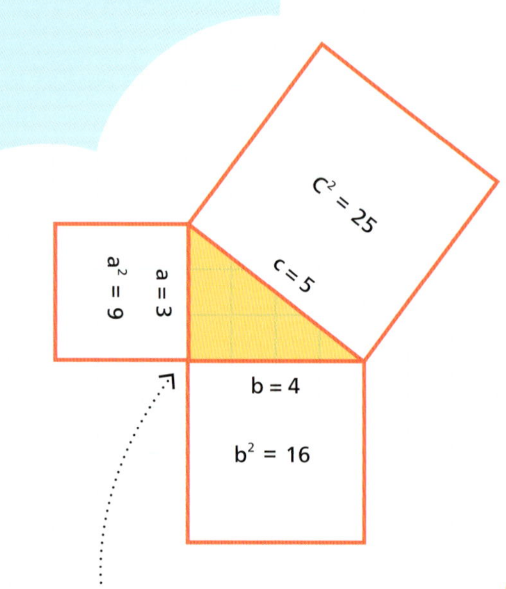


### ピタゴラスの定理

**ピタゴラスの定理**は、直角三角形の辺にかんする決まりのことだよ。直角三角形のいちばん長い辺は**斜辺**といって、斜辺の長さの2乗（斜辺どうしのかけ算）は、ほかの2辺の2乗を足しあわせたものと等しくなるんだ。

これは $a^2 + b^2 = c^2$ とあらわせるから、たとえば $3^2 + 4^2 = 5^2$ のようになるよ。

だから、直角三角形の2本の辺の長さがわかっていれば、ピタゴラスの定理で残りの辺の長さを求めることができるんだ。

### ピタゴラスの話

サモス島生まれのピタゴラス（紀元前570年ごろ～496年ごろ）は、古代ギリシャの数学者だ。じつは、ピタゴラスの定理を思いついたのはピタゴラスじゃないという説もあるんだ！

やってみよう

# ピタゴラスの定理を使ってみよう

ピタゴラスの定理のしくみは、かんたんな実験でたしかめられるよ。何千年も前の古代エジプト人は、建物の角をちょうど直角にするためにこの定理を使っていたらしいよ。

## 必要なもの

- ✔ 長いひも
- ✔ じょうぎ
- ✔ マーカー
- ✔ はさみ
- ✔ 友だち…1人

はさみに注意！

1. じょうぎを使って、ひもを60センチメートルはかる。
2. はさみでその長さに切る。
3. マーカーとじょうぎを使って、5センチメートルおきにしるしをつける。
4. 友だちといっしょに、そのひもで三角形をつくる。1辺はしるし3つ分、もう1辺はしるし4つ分の長さになるようにする。このとき、いちばん長い辺はしるしいくつ分になるかな？ ピタゴラスの定理があてはまるか、かくにんしよう！

こたえは、この本の76ページにあるよ

## 知ってる？

### 三角形の辺の名前

直角三角形のいちばん長い辺の名前は、斜辺だったね。下の絵で、黄色の角度のむかい側の辺は**対辺**、黄色の角度と接している辺は**底辺**というよ。

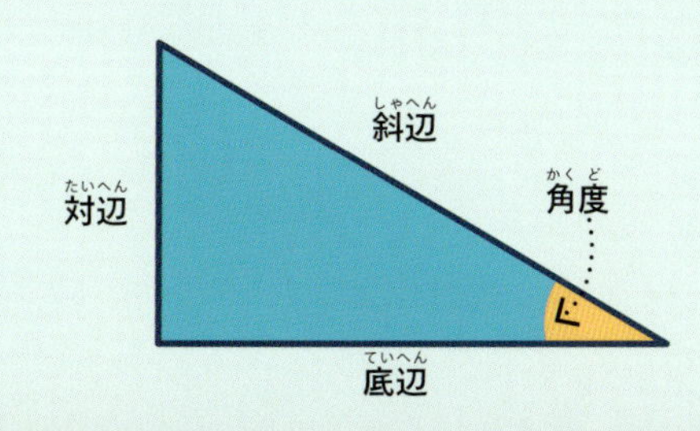


## だいじなポイント

### 三角法

三角法は、三角形の辺や角度の関係を使う方法だ。角度も求めるときは、おもに3つの三角関数を使う。その3つとは、サイン（「sin」と書く）、コサイン（「cos」と書く）、タンジェント（「tan」と書く）のこと。関数電卓には、三角関数のボタンがついているよ。直角三角形のどの角度でも、つぎの式が成り立つよ。

角度のsin＝対辺÷斜辺
角度のcos＝底辺÷斜辺
角度のtan＝対辺÷底辺

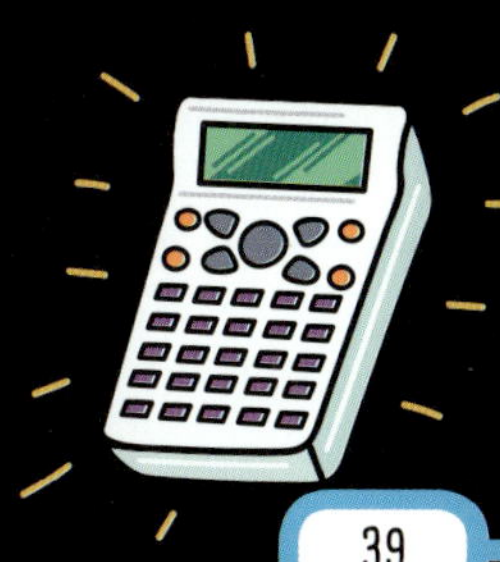

2D SHAPES

# 平面図形

数学では、まっすぐな辺をもつ平らな（2次元の）図形のことを多角形とよぶよ。文字どおり、角がたくさんある図形のことだ。うつくしい図形の世界をのぞいてみよう！

正三角形
（辺が 3 本）

正方形
（辺が 4 本）

正五角形
（辺が 5 本）

正六角形
（辺が 6 本）

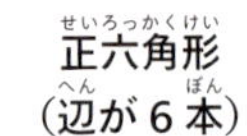

正七角形
（辺が 7 本）

## だいじな ポイント

### 正多角形

**正多角形**は、すべての辺の長さが同じなんだ。それから、内側の角度（内角）も全部同じだよ。たんじゅんな正多角形を右に紹介するね。

## ものごとのしくみ

# 正多角形の対称じく

**対称じく**は、1つの図形をまったく同じ2つの図形に分けられる線のこと。つまり、対称じくで図形を折ると、片方の面がもう片方の面とぴったり重なるんだ。正多角形には、辺の本数と同じ数の対称じくがあるよ。

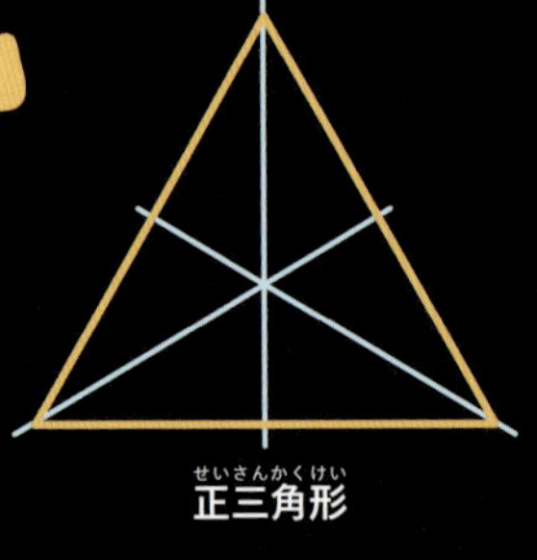

正三角形

正方形

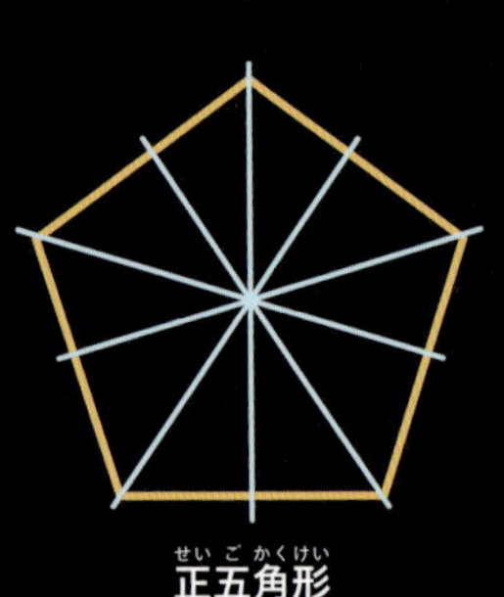

正五角形

正六角形

やってみよう

# 角度のフシギを体験

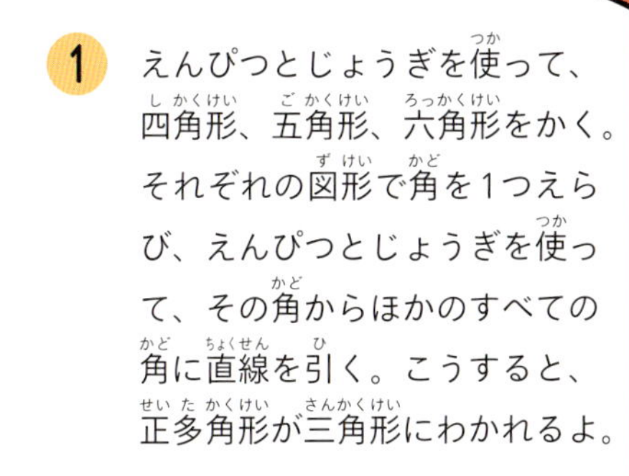

この実験では、分度器を使わずに多角形の角度を求めてみるよ！

## 必要なもの

- えんぴつ
- ノート
- じょうぎ
- 電卓（なくてもできるよ）

1 えんぴつとじょうぎを使って、四角形、五角形、六角形をかく。それぞれの図形で角を1つえらび、えんぴつとじょうぎを使って、その角からほかのすべての角に直線を引く。こうすると、正多角形が三角形にわかれるよ。

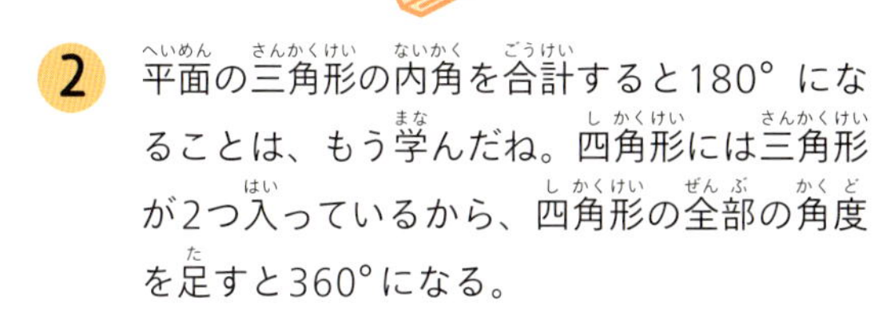

2 平面の三角形の内角を合計すると180° になることは、もう学んだね。四角形には三角形が2つ入っているから、四角形の全部の角度を足すと360°になる。

3 たとえば正方形には角が4つあって、その角度は全部等しい。だから、360°を4でわれば、それぞれの角度が90°だとわかるね。

4 同じように、正五角形と正六角形の一つひとつの角度を求めてみよう。

こたえは、この本の76ページにあるよ

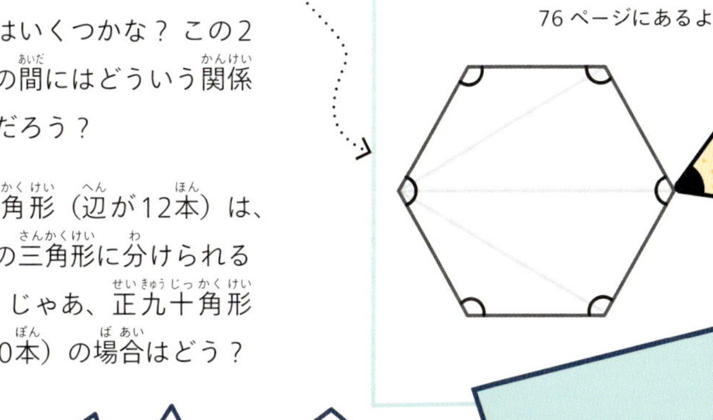

5 正五角形の辺の数は5本だけど、直線をひいてできた三角形の数はいくつかな？ この2つの数の間にはどういう関係があるだろう？

6 正十二角形（辺が12本）は、いくつの三角形に分けられるかな？ じゃあ、正九十角形（辺が90本）の場合はどう？

## ブラマグプタの話

インド人の数学者ブラマグプタ（598年ごろ～668年ごろ）は、正方形でない四角形にかんする公式を編み出した人だよ。

TESSELLATIONS

# 平面図形とタイル模様

かべ紙やカーペットは、平面図形をたくさんしきつめたような模様になっていることがある。きみも見たことがあるかな？ 数学では、そういう模様のことを「平面じゅうてん」とよぶんだ。

## だいじな ポイント

### 正平面じゅうてん

**平面じゅうてん**のいちばんだいじなポイントは、図形をすきまなくならべられるという点だよ。
1種類の正多角形だけで、すきまなくしきつめられる図形は、正三角形、正方形、正六角形のたったの3つしかない。ほかの正多角形を紙でつくってならべてみても、すきまができてしまうはずだよ。

## ものごとのしくみ

### アルキメデスの平面じゅうてん

1種類だけではすきまができてしまう場合でも、ほかの正多角形と組み合わせるとうまくしきつめられることがある。何種類かの正多角形を使う平面じゅうてんは、「**アルキメデスの平面じゅうてん**」とよぶよ。たとえば、正八角形どうしのすきまには正方形がぴったりはまる。アルキメデスの平面じゅうてんは、全部で8種類あるんだ。

やってみよう

# アルキメデスの平面じゅうてんをさがそう

正八角形と正方形の組み合わせ以外の、7種類のアルキメデスの平面じゅうてんのうち、2種類をさがしてみよう。

## 必要なもの

- えんぴつ
- 紙（いろいろな色があるとバッチリ）
- じょうぎ
- はさみ
- カラーペン（白い紙だけを使う場合）
- のり（なくてもできるよ）

1. 1辺の長さが3センチメートルの正方形と正三角形をたくさんかく。
2. はさみで切る（白い紙を使う場合は、カラーペンで色をぬる）。

3. 図形をならべてみる。すきまなくしきつめられるかな？（ならべかたは2通りあるよ）
4. ならべかたを見つけたら、紙をのりではってオリジナルの模様をつくろう。家のかべや冷蔵庫のドアにかざってみてね。
5. もっとちょうせんしたいきみは、1辺の長さが3センチメートルの正六角形、正八角形、正十二角形もつくって、残り5種類のアルキメデスの平面じゅうてんをさがしてみよう。

こたえは、この本の76ページにあるよ

## 知ってる？

### 平面じゅうてんのよびかた

平面じゅうてんのよびかたは、**頂点**（図形の角が集まっている点）をもとに決めるよ。頂点を見つけ、集まっている図形の数と、図形の辺の数をかぞえよう。たとえば、正方形の平面じゅうてんの場合は、1つの頂点に4つの正方形が集まっていて、正方形には辺が4本あるから、名前は「4.4.4.4平面じゅうてん」になる。正方形と正八角形の平面じゅうてんは、1つの頂点に2つの正八角形と1つの正方形が集まっているから、「4.8.8平面じゅうてん」とよぶよ。

### ペンローズの話

イギリス人の数学者ロジャー・ペンローズ（1931年生まれ）は、ペンローズ・タイル（右の模様）という有名な平面じゅうてんを考え出した人だよ。

3D SHAPES

# 立体図形

長さとはばに加えて、おく行きもある場合、その図形は立体（3次元）だよ。とくによく見る立体図形には、球や立方体などがあるよ。

## だいじな ポイント

### 正多面体（プラトンの立体）

立体図形の中には**多面体**（「面がたくさんある図形」という意味）とよばれるものがあるよ。多面体には、すべての面が同じ平面図形（正多角形）でできている、とくしゅなものが5種類あるんだ。これは、**正多面体**（プラトンの立体）とよぶよ。

**正四面体**
（正三角形が 4 個）

**正十二面体**
（正五角形が 12 個）

**正二十面体**
（正三角形が 20 個）

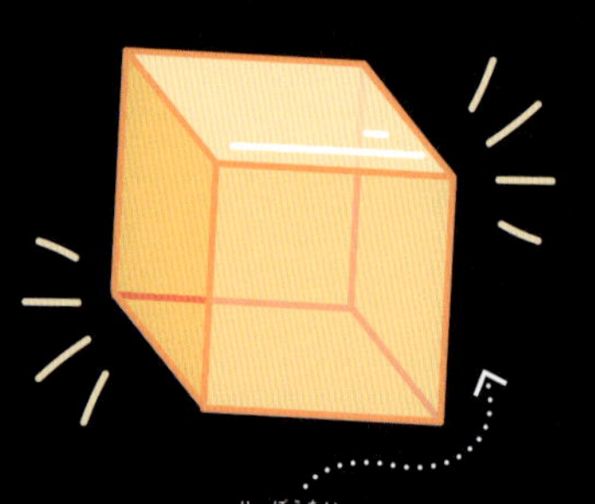

**立方体**
（正方形が 6 個）

**正八面体**
（正三角形が 8 個）

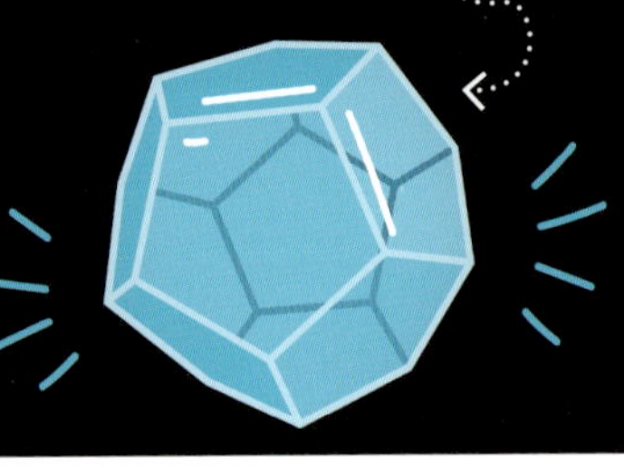

### プラトンの話

プラトンの立体という名前は、古代ギリシャで大きな影響力のあった哲学者プラトン（紀元前427年ごろ～紀元前347年ごろ）に由来しているよ。

ものごとのしくみ

## るい乗と図形の関係

平面（2次元）や立体（3次元）の図形は、るい乗（15ページ）とも関係しているよ。平面図形の面積の単位（$cm^2$など）には、2乗を示す2がついていたね。立体図形の場合も、大きさ（体積）の単位（$cm^3$など）には小さな3がついているよ（32ページ）。

## 知ってる？

### ものが立体的に見えるしくみ

人は左右2つの目を使うことで、ものごとを立体的に見ている。片方の目をつぶって絵を見てから、反対の目をつぶって見てみると、絵が少しずれて見えるはずだよ。左右の目で見た2つの2次元の映像を脳の中で合体させることで、おく行きやきょり感をとらえているんだ。

## 知ってる？

### 目のさっかくのしくみ

ものがじっさいとちがって見えることってあるよね。それは、目のさっかくだ。目で見たときにおかしいところがあると、脳が勝手に見えかたをなおしてしまうからなんだ。だまし絵は、そのしくみをうまく利用しているよ！ さっかくを起こしやすい、とくしゅな模様や色を使うことで、平らな絵なのに飛び出したり、しずんだり、ゆれたりして見えるんだ。

やってみよう

# だまし絵をかいてみよう

だまし絵はだれにでもかけるよ！
ちょうせんしてみよう！

**必要なもの**

- 白い紙
- えんぴつ
- じょうぎ
- 消しゴム

1. 白い紙の両はしに、1センチメートル間かくで点をかく。
2. えんぴつで手の形をなぞる。
3. じょうぎを使って、紙の両はしの点と点をむすぶ。ただし、手の形の中には線をかかない。
4. 手の形の中になだらかな山型の線をかき、とぎれている線どうしをむすぶ。

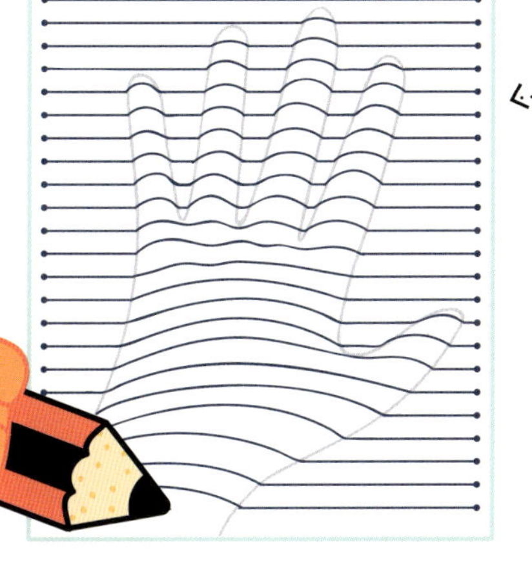

5. 手の形にそってかげをつけると、手がうき出て見えるよ。

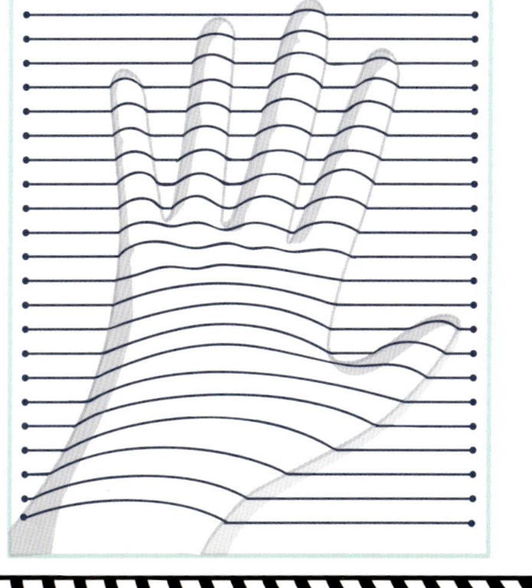

# 立体のフシギ

たのしい実験にちょうせんして、3次元の立体図形のフシギについて理解をふかめよう。

やってみよう

## ピラミッドをつくろう

ピラミッドは正方形の底面と、むかいあった4つの三角形でできた多面体だよ。古代エジプト人は、ファラオ（王様）のためにこの形のお墓をつくったんだ。

### 必要なもの

- ✔ えんぴつ
- ✔ うすい大きなダンボール
- ✔ じょうぎ
- ✔ のり
- ✔ はさみ

1. ダンボールにじょうぎとえんぴつを使って、大きな3×3の正方形の網目をかく。それぞれの正方形の1辺は5センチメートルにする。

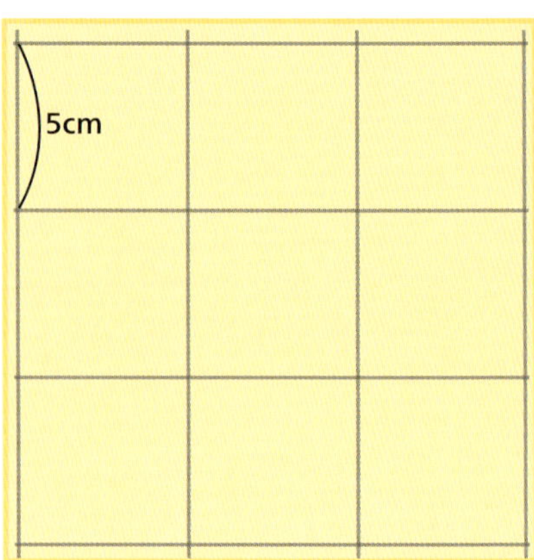


2. 下の絵のように、4つの正方形の辺の中心に点をかく。

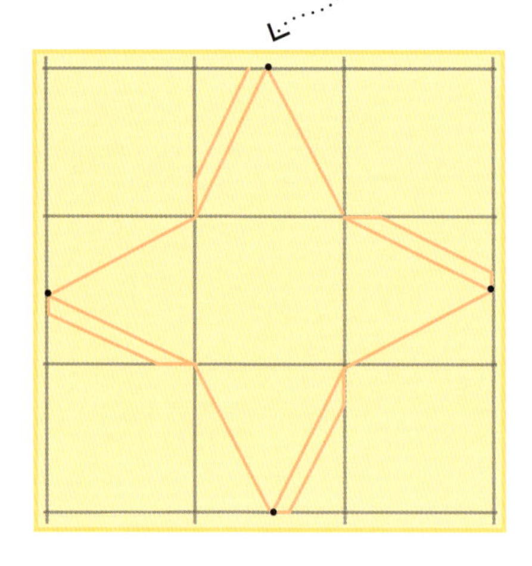

3. 左の絵のように、点と角をむすぶななめの線をかく。その線の左側の1センチメートルくらいはなれたところに、ななめの線を4本かく。

4. 線にそってピラミッドの材料を切る。

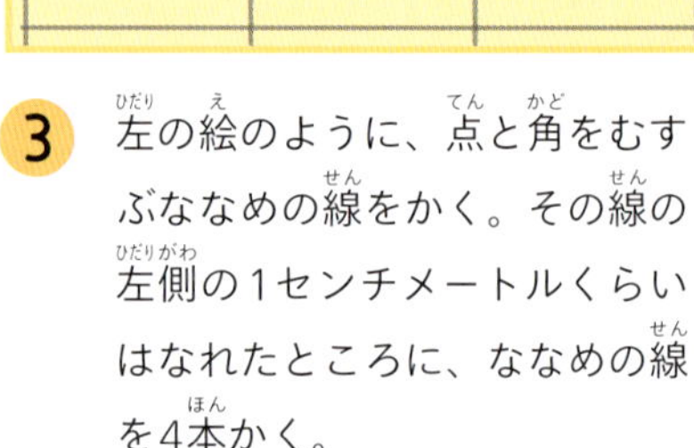

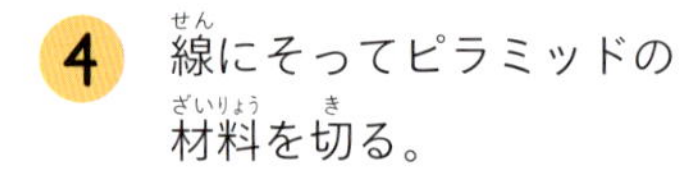

5. 左の絵のように、線にそって折る。

6. 三角形の耳の部分を内側に折り、のりづけする。あとは模様をつけてピラミッドらしくしてみよう！

やってみよう

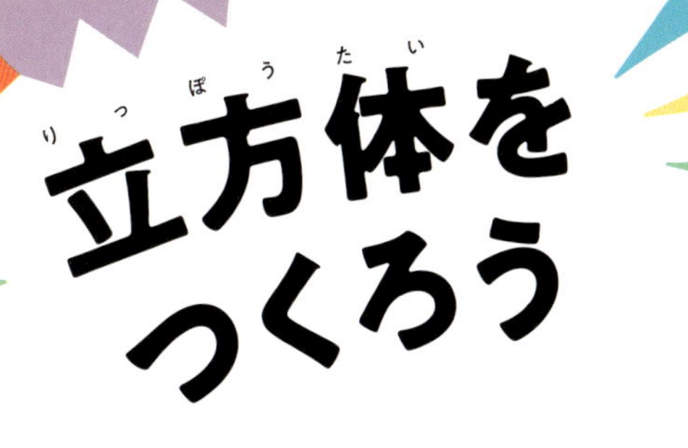

# 立方体をつくろう

立方体は、6つの正方形でできた正多面体だよ。辺は12本、角は8つある。
ボードゲームで使うサイコロは、昔から使われている立方体の1つだ。

## 必要なもの

- うすい大きなダンボール
- じょうぎ
- のり
- はさみ
- えんぴつ
- カラーペン

1. えんぴつとじょうぎを使って、上の絵のように6つの正方形（1辺の長さが5センチメートル）を十字にならべてかく。
2. 左の絵のように、十字の横にはみ出した3つの正方形に耳を書く。たてにならんだ3つの正方形には何も書かない。
3. 線にそって切る。耳のところを切り落とさないように注意しよう。
4. 正方形の線にそって内側に折る。耳の部分も内側に折る。
5. 耳の部分にのりをつけ、紙をはりあわせて立方体をつくる。
6. それぞれの面にサイコロの目をかけば、サイコロの完成だ！

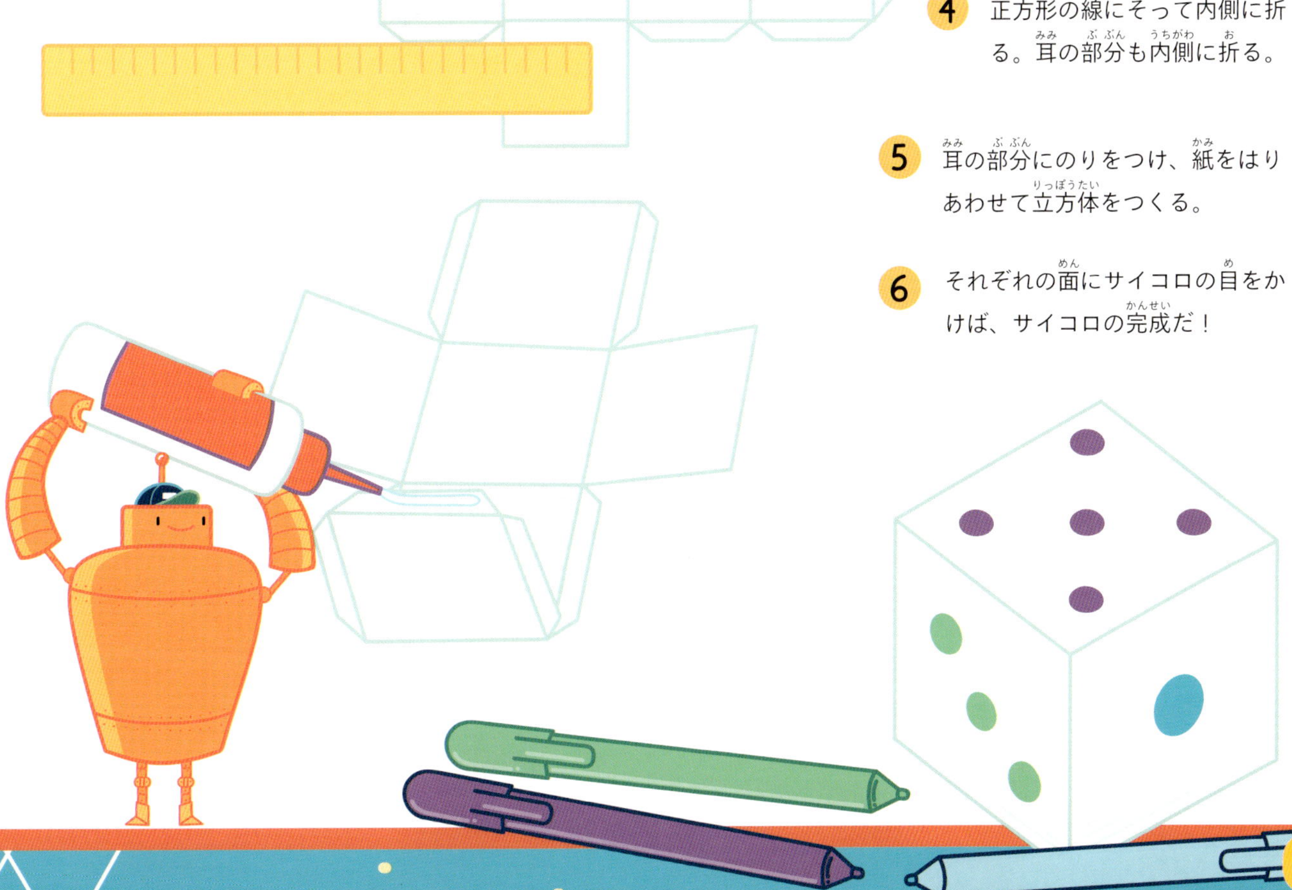

TRANSFORMATIONS

# いろいろな移動

鏡をのぞきこむと、物体の左右が入れかわったみたいに見える。きみも気づいたことはあるかな？ こういう鏡の反射は、図形の見た目をかえる1つの方法だ。図形の見た目をかえることを、数学では「移動」というよ。

## だいじなポイント

### 移動の種類

いろいろな移動の種類を見てみよう。

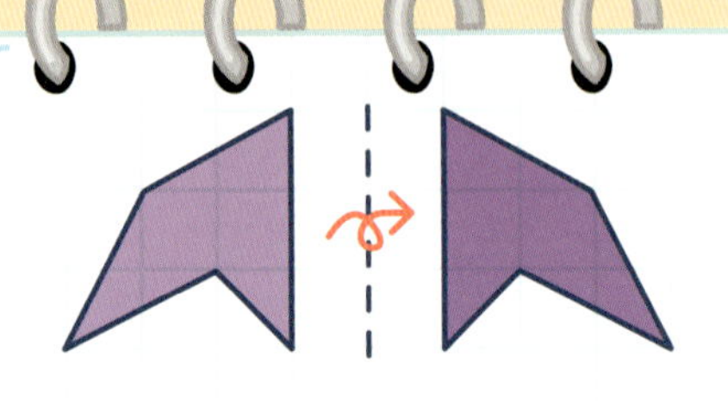

**対称移動**

対称じく・点という線・点を基準に図形をひっくり返すこと。もとの図形からじく・点までのきょりと、対称移動後の図形からじく・点までのきょりは等しいよ。

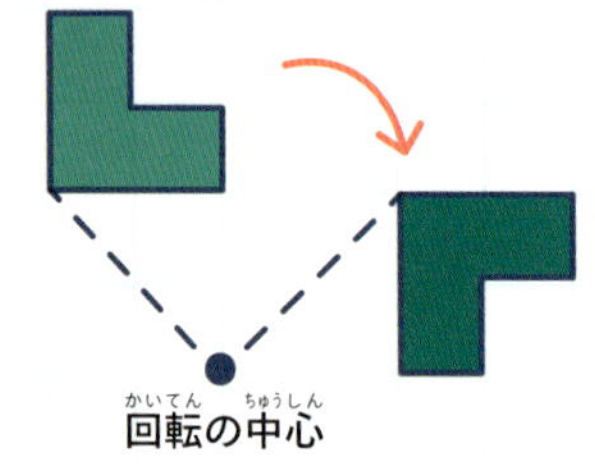


**回転移動**

ある点を基準にして、図形を一定の角度だけ回すこと。基準にする点は、**回転の中心**とよぶよ。

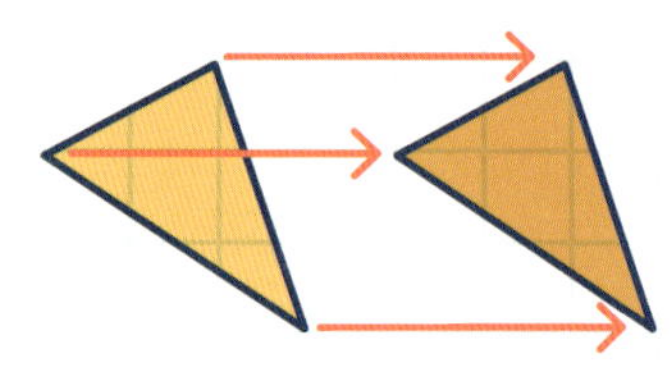

**平行移動**

ひっくり返したり回したりせずに、そのままの**むき**で図形を移動させることを平行移動というよ。

## ものごとのしくみ

# 図形の拡大と縮小

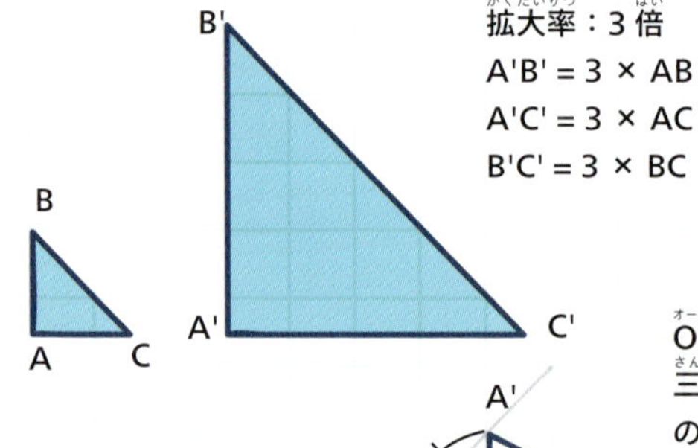


Oが拡大の中心。大きな三角形は、小さな三角形の3倍の大きさだよ。

図形の見た目をかえるもう1つの方法は、図形の大きさをかえることだ。数学では、これを**拡大**や**縮小**とよぶよ。図形を何倍に大きくしたかは、**拡大率**であらわすんだ。拡大でもう1つだいじなのは、**拡大の中心**だ。拡大の中心をかえると、拡大した図形の位置もかわる。これらは縮小も同じだよ。拡大や縮小は、写真の大きさをかえるときによく使われるよ。絵がゆがまないように、もとの写真のタテとヨコの比率（50ページ）をかえずに大きさだけかえるんだ。

やってみよう

# タングラムで遊ぼう

大昔の中国で生まれた**タングラム**は、いろいろな大きさの7つの図形を使う、パズルゲームだよ。自分でタングラムをつくってみよう。図形をひっくり返したり回したりして、どんな形をつくれるかな？ インターネットで検さくすれば、タングラムの無料の問題が見つかるよ。

- ✔ 紙（色をぬってもいいよ）
- ✔ はさみ
- ✔ カラーペン（なくてもできるよ）

クイズコーナー

# 合同な図形

大きさも形もまったく同じとき、その2つの図形は「**合同**である」というんだ。回したりして重なる場合も、合同のうちに入るよ。下の絵の中には、合同な図形が3組ある。全部見つけられるかな？

## ネーターの話

ドイツ人の数学者エミー・ネーター（1882～1935年）は、図形を回転させても、物理の法則はかわらないことを証明した人だよ。

こたえは、この本の76ページにあるよ

# 身近な比率

比率は、ものすごく身近な考えかただよ。ケーキをつくるときも、熱湯と水をまぜてお湯をつくるときにも使うんだ。比率についてくわしくなろう！

## 割合をくらべる

**比率**は、全体の中のグループどうしの**割合**をくらべるときに使うよ。たとえば、「クラスの8才と9才の割合は6：4」みたいにね。これは、8才の子6人につき、9才の子が4人いるという意味だ。「クラスの60%は8才で、40%は9才」といいかえることもできるよ。

6　4

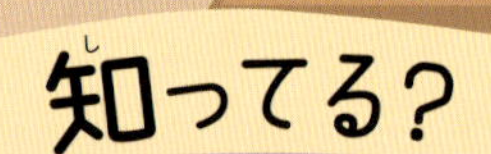


## テレビ画面の比率

テレビ画面の比率は決まっている。画面のはばと高さの比率は**縦横比**というんだけど、昔のテレビはこの比率が4：3だったんだ。最近のワイドテレビやコンピューターの画面の縦横比は16：9が多いよ。

はば＝高さ × 16 ÷ 9

高さ＝はば × 9 ÷ 16

ものごとのしくみ

## 地図の縮尺

地図には、ほぼ必ず比率（**縮尺**）がのっているよ。地図に地区や街をかくには、ページにおさめるために小さくしないといけないよね。そこで、1kmのきょりを1cmなどの小さい単位にちぢめているんだ。地図の縮尺は、1:100000のようにあらわすよ。これは、地図上の1cmはじっさいの100000cm（1km）にあたることをしめしているんだ。

0　1　2
km

縮尺 1:100000
1cm = 1km

## 知ってる？

### 円周率も比率

円周率（π）は、円の直径と円周の比率をあらわしているよ。つまり右の図で、$\pi = \frac{c}{d} = c \div d$だね（30ページ）。

やってみよう

# 比率を守っておかしをつくろう

とびっきりおいしい実験を紹介するよ！ 比率の知識を使って、サクサクのチョコレートのおかしを焼いてみよう。

### 必要なもの

- ✔ 大人の人
- ✔ 大きな板チョコレート…1枚
- ✔ サクサクのライスシリアル（またはコーンフレーク）…1箱
- ✔ 紙でできたカップケーキの型
- ✔ コンロ
- ✔ はかり
- ✔ なべ
- ✔ ボウル（耐熱性のもの）
- ✔ 水

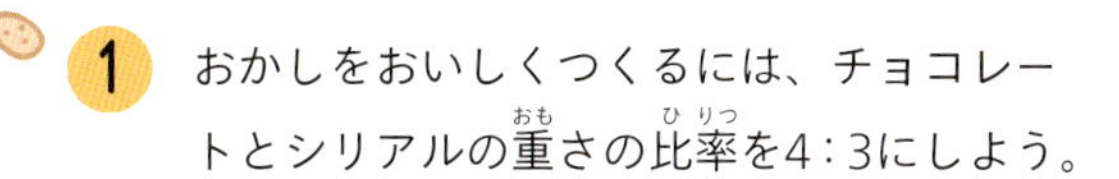

1. おかしをおいしくつくるには、チョコレートとシリアルの重さの比率を4：3にしよう。
2. パッケージを見てチョコレートの重さを調べる。その重さを4としたときに、シリアルの重さが3になるように、はかりでシリアルの重さをはかろう。

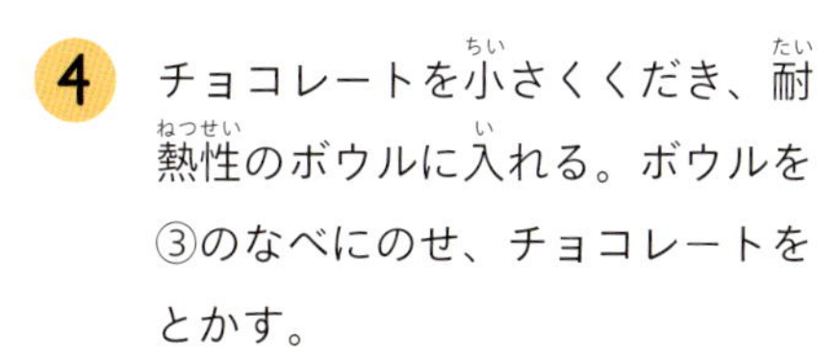

3. 大人の人に手伝ってもらいながら、水をいっぱい入れたなべを火にかけ、ふつふつするまでわかす。
4. チョコレートを小さくくだき、耐熱性のボウルに入れる。ボウルを③のなべにのせ、チョコレートをとかす。

5. ボウルをなべから下ろし、シリアルをまぜ入れる。
6. まぜたものをカップケーキの型に同じ量ずつ入れ、冷蔵庫で1時間以上冷やす。

CO-ORDINATES

# 座標

**座標は、ある地点を示す数の組のこと。座標を使うと、xじくとyじくのグラフ上の点をあらわせるよ。**

## だいじな ポイント

### x と y のグラフ

右のグラフを見てみて。タテとヨコの線が細かくひいてあるよね。いちばん下のヨコ線のことは**xじく**、いちばん左のタテ線のことは**yじく**とよぶよ。ある点の**座標**を示すときは、左下の点（0,0）、原点からxじくの方向にいくつ進んで、yじくの方向にいくつ上がるとその点に行き着くかを調べよう。右の黒い点の座標は、(2,3) とあらわせるよ。

## ものごとのしくみ

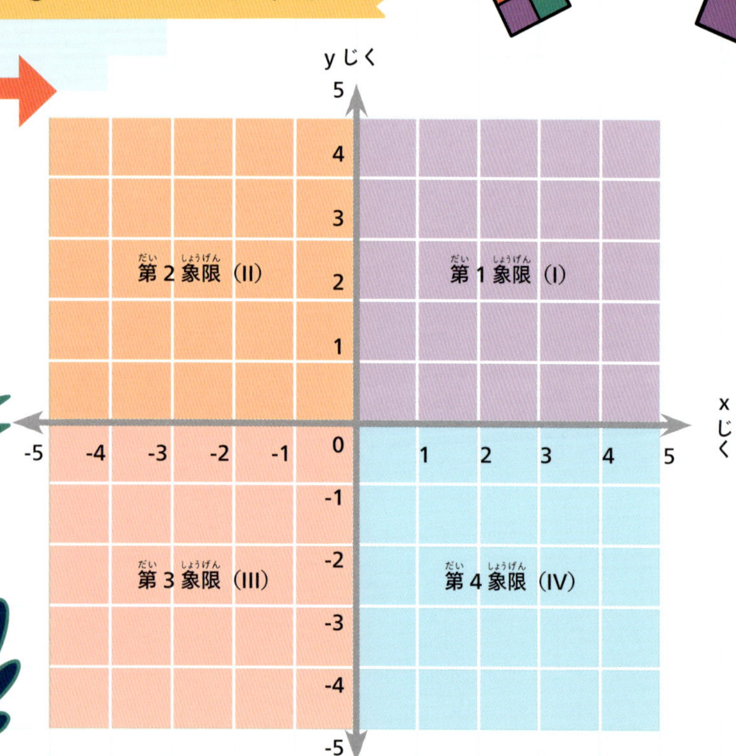


# 象限

xじくとyじくを負の数のほうまでのばすと、グラフは4つの区画に分かれる。この区画を**象限**というよ。右上の区画から反時計回り（時計の針が進む方向と逆の方向）に、第1象限、第2象限、第3象限、第4象限とよぶんだ。それぞれ、**ローマ数字**のI、II、III、IVを使うこともあるよ。

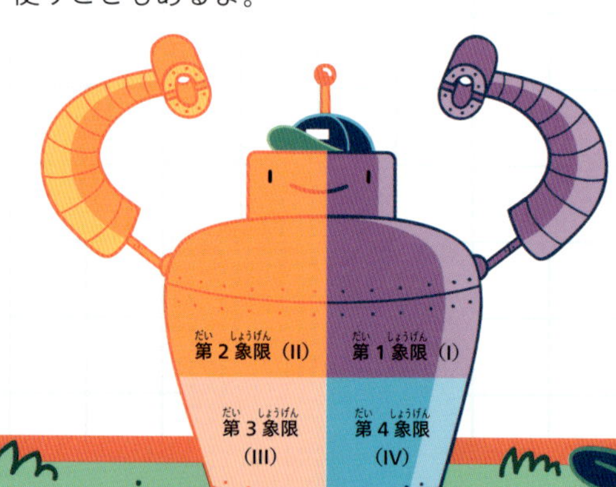

## 知ってる？

### 3本目の座標じく

座標は、3次元の空間でも使えるよ。だけど、そのためには点の位置のおく行きを示す3本目の座標じくが必要だ。このじくは**zじく**とよぶよ。3次元のグラフでは、座標を（x,y,z）の形であらわすんだ。

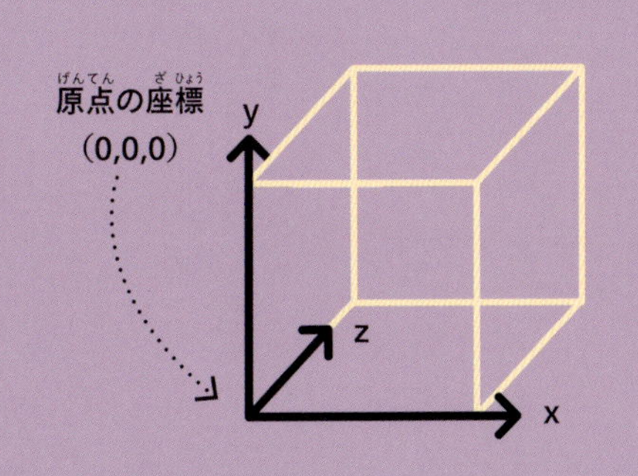


### デカルトの話

フランス人の数学者で哲学者だったルネ・デカルト（1596〜1650年）は、座標を発明した人だよ。デカルトが発明した座標は、**デカルト座標**（または直交座標）とよばれているんだ。

## クイズコーナー

# 恐竜の卵をさがせ！

お母さん恐竜の卵1個がどこかにいっちゃった！ 下の1〜4にならって、座標と座標をつなぐ道すじをかいてみよう。どの動物にもぶつからない道を歩けたら、その最後の座標が卵がある場所だよ。

1. (0,1) → (2,3) → (1,4) → (0,5) → (1,7)
2. (3,4) → (5,5) → (7,6) → (9,5) → (6,5)
3. (1,1) → (2,4) → (4,3) → (6,1) → (9,2)
4. (0,2) → (3,4) → (4,4) → (5,3) → (10,3)

こたえは、この本の77ページにあるよ

# べんりなグラフ

ずーっとならんだ数字を見ていると、なんだかクラクラしてくるよね。そんなときは、グラフを使おう。グラフなら、ひと目で情報やデータをかんたんに理解できる。情報を絵であらわしたグラフは、インフォグラフィックスとよばれているよ。

## だいじな ポイント

### 折れ線グラフ

**折れ線グラフ**は、ある期間のけいこうをつかむのにはもってこいだ。折れ線グラフでは、一つひとつの**データ**を点であらわし、点どうしを線でむすぶよ。こうすることで、たとえば1週間とか1か月の天気のけいこうをひと目でりかいできるんだ。

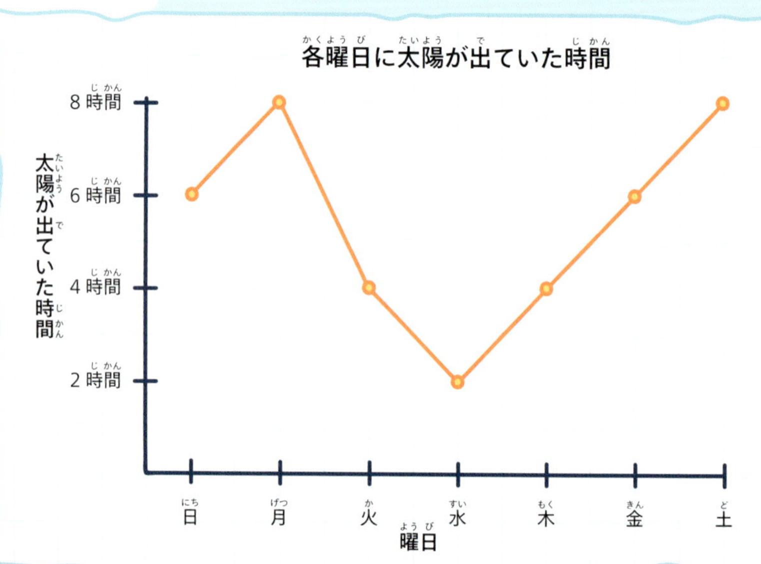


## ものごとのしくみ

## ぼうグラフ

**ぼうグラフ**では、何かが起きた回数（**ひん度**）やものの数をぼうであらわすよ。たとえば**調査**で、どの回答を何人がえらんだかをあらわせる。それぞれのぼうは、**カテゴリー**（種類）を示しているよ。

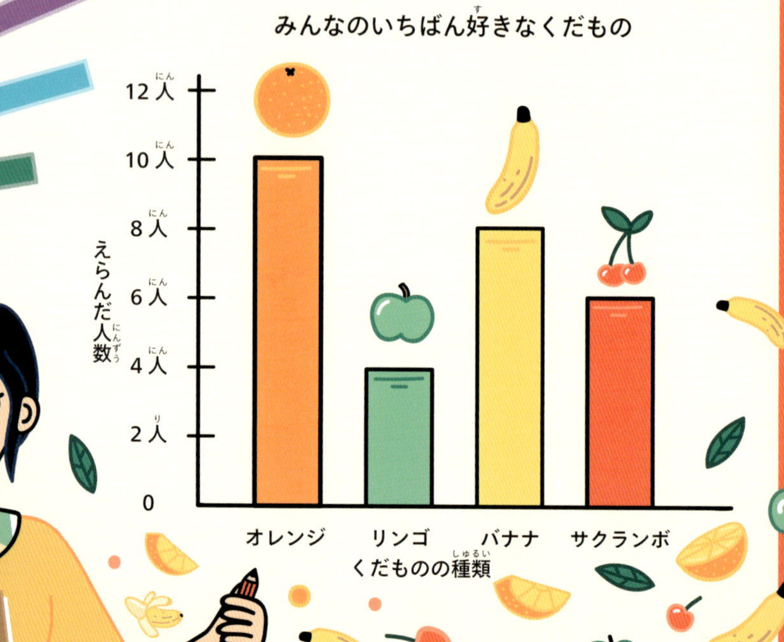

だいじな ポイント

## 円グラフ

**円グラフ**は、全体をグループ分けしたグラフだよ。それぞれのグループの面積は、全体にしめる割合を示しているんだ。

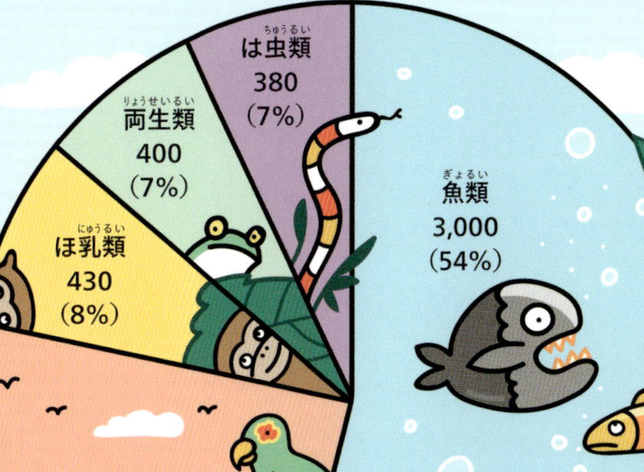

### プレイフェアの話

スコットランドの技術者ウィリアム・プレイフェア(1759〜1823年)は、データをわかりやすく示す線グラフ、ぼうグラフ、円グラフを発明した人だよ。

やってみよう

## ペットの円グラフ

いちばん好きなペットについてアンケートをとったよ。その結果を円グラフであらわそう。

ペットとして飼うならどの動物がいちばん好きか、360人に聞いたよ。結果は下のとおりだ。

**イヌ** → 165
**ネコ** → 115
**ウサギ** → 55
**ハムスター** → 15
**鳥** → 10

### 必要なもの

- 分度器
- コンパス
- えんぴつ
- じょうぎ
- 色えんぴつ

1. アンケートにこたえた人は360人だから、円の1°は1人をあらわすよ。
2. コンパスを使って円をかく。円のてっぺんに点をかき、点と円の中心を直線でむすぶ。
3. 分度器を使って、その点から時計まわりに165°のところに新しい点をかく。
4. じょうぎを使って、新しい点から円の中心にむかって直線を引く。
5. できたエリアを色でぬり、その上に「イヌ」と書こう。
6. それぞれの回答について、人数の多い順にこの手順をくり返し、円グラフを完成させよう。

こたえは、この本の77ページにあるよ

VENN DIAGRAMS AND SET THEORY

# ベン図と集合

人はみんな、いろいろなグループの一員だ。家族の一員だし、学校の生徒でもあるし、クラブのメンバーになっている人もいるよね。数学でも、ものや数を「集合」というグループに分けて考えることがあるんだ。

## だいじな ポイント

### 集合

**集合**は、波かっこ｛　｝を使ってあらわすよ。たとえば、野菜という集合を例にとると、野菜＝｛ブロッコリー, にんじん, じゃがいも, レタス…｝のように書くんだ。

### カントールの話

ドイツ人の数学者ゲオルク・カントール（1845〜1918年）は、集合という考えかたを思いついた人だよ。集合は、数学でも重要な分野なんだ。

## ものごとのしくみ

### ベン図のしくみ

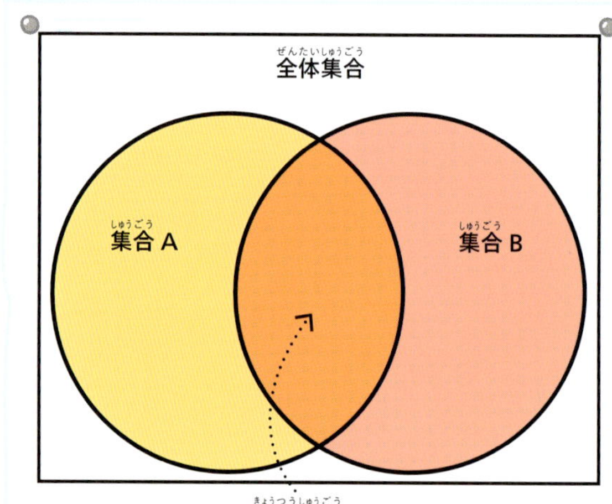


**ベン図**とは、集合をあらわせるべんりな図のこと。はじめに四角形をかく。この四角形は「**全体集合**」といって、全体の集合のすべての要素をあらわすよ。つぎに、2つ以上の円を重ねてかく。それぞれの円が集合だ。2つ以上の集合にあてはまるものは、「**共通集合**」という円が重なった部分に入るよ。

## 知ってる？

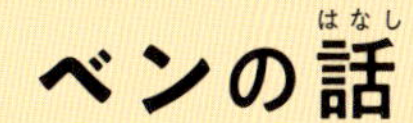

### 波かっこの使いかた

集合Aと集合Bの共通集合は、A∩B＝｛…, …｝のように書くよ。この波かっこの中には、2つの集合の共通集合に入っているものを全部書いてね。

### ベンの話

イギリス人の哲学者ジョン・ベン（1834～1923年）は、スイスの数学者レオンハルト・オイラーの図を参考にベン図を考え出したんだ。

## やってみよう

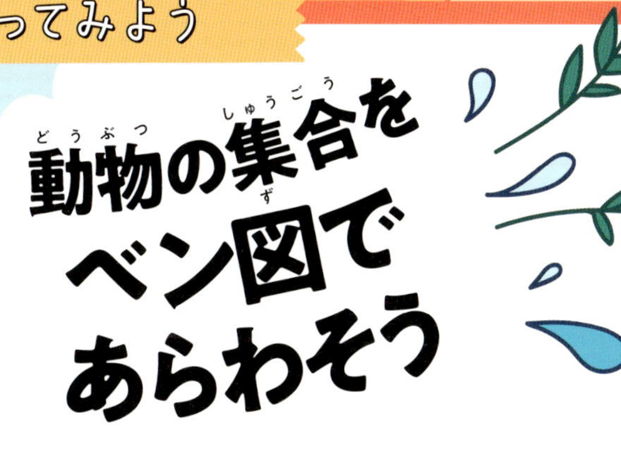

# 動物の集合をベン図であらわそう

動物についての知識を使って、ベン図をかいてみよう。

### 必要なもの

- ✔ ノート
- ✔ えんぴつ
- ✔ 円がかける丸いもの

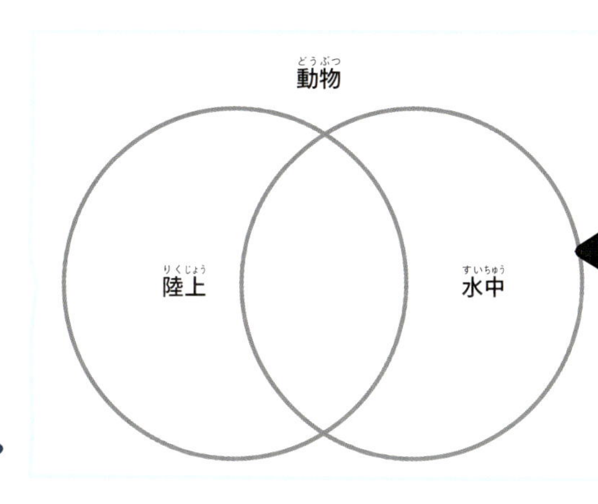


1. 下の絵のように、大きな四角形をかいて、その中に2つの円を重ねてかき、ベン図をつくる。
2. 円の外に「動物」と書く。
3. 左の円の中に「陸上」と書く。
4. 右の円の中に「水中」と書く。
5. どちらか1つでしか生きられない動物には、どんなものがいるかな？ それぞれの場所にすむ動物を円の中に書こう。
6. 共通集合に入る動物（陸上でも水中でも生きられる動物）には、どんなものがいるだろう？ いくつ思いつけるかな？ 円が重なる部分に書こう。

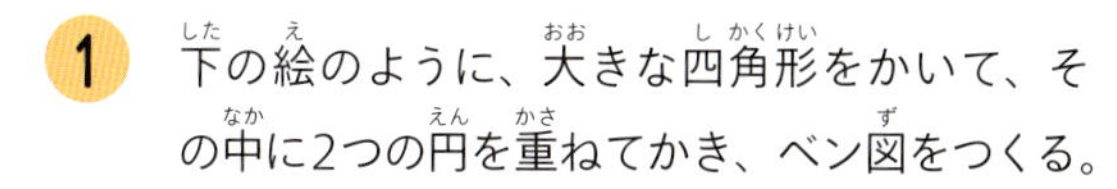

7. 共通集合を数学の式で書いてみよう。（上の「波かっこの使いかた」を参考にしてね。）
8. どちらの集合にもあてはまらない動物はいるかな？ 思いついたら、円の外に書いてね。

こたえは、この本の77ページにあるよ

AVERAGES

# 代表値

代表値とは、グループを代表する数を見つけて、グループどうしをくらべるために使う数だよ。たとえば平均値を使うと、きみのテストの点数がクラスの真ん中より上か下かをはんだんしたり、スポーツ・チームの勝利数がリーグで上位か下位かを考えたりできるんだ。

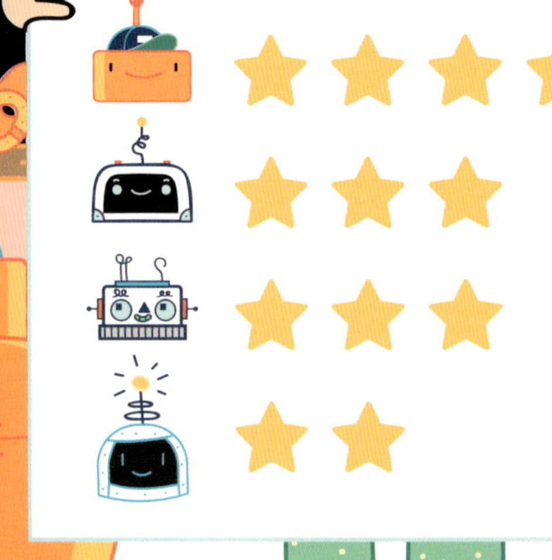

## 平均値、中央値、最ひん値

**代表値**には3種類ある。いちばんよく使われるのは**平均値**だ。平均値は、リスト内の数を全部足して、その合計をリストのデータ数でわった数のことだよ。

**中央値**は、リストのデータを小さい順にならべなおしたときに、リストのちょうど真ん中にくる数のことをさすよ。

リストの中でいちばん多くあらわれる数のことは、**最ひん値**とよぶんだ。

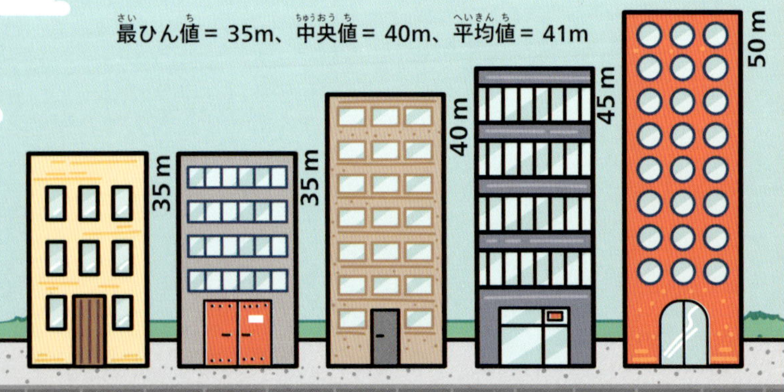


## 知ってる?

### 代表値をあらわすことばの覚えかた

中央値は、文字どおり中央（＝真ん中）にある値をさす。最ひん値の「ひん」は漢字で「頻」と書き、「何度も起こる」を意味するんだ。平均値の「均」は、「平らにならす」という意味があるよ。データの合計をデータ数でわると、データを「ならした」みたいになるから、平均値とよぶんだ。

ものごとのしくみ

# 外れ値には要注意!

31, 36, 34, 31,
42, 41, 40, 45
49, 39, 978

3種類の代表値には、それぞれ向き不向きがある。とくに注意しないといけないのは、**外れ値**（リスト内のほかの数よりも、きょくたんに小さかったり大きかったり数）がある場合だ。外れ値があると平均値は大きくかわるけれど、中央値はあまり影響を受けないよ。

## クイズコーナー

### オリンピックと平均値

オリンピックの体操競技では、平均値が使われているよ。まず、5人の審判が演技のできばえに点数をつける（Eスコア）。つぎに、いちばん高い点数といちばん低い点数をのぞいて、残りの3つの点数の平均値を出す。この平均値に、技のむずかしさの点数（Dスコア）を足すことで、それぞれの選手の最終点を出しているんだ。

下に、3人の選手のEスコアとDスコアをならべたよ。金メダル、銀メダル、銅メダルをとったのは、それぞれどの選手かな？

**選手1**
**Dスコア**：5.7
**Eスコア**：
6.5、7.0、7.5、7.0、6.0

**選手2**
**Dスコア**：6.0
**Eスコア**：
7.5、8.0、7.5、7.5、7.0

**選手3**
**Dスコア**：5.2
**Eスコア**：
8.5、9.0、9.5、8.0、9.0

こたえは、この本の 77 ページにあるよ

KNOW YOUR DATA

# データの種類

**データは、学校でのきみの成績や、応えんしているスポーツ・チームの出来などの情報のことだよ。スマートフォンに保存しているゲームや写真の量をあらわすときも、「データ量」というよね。**

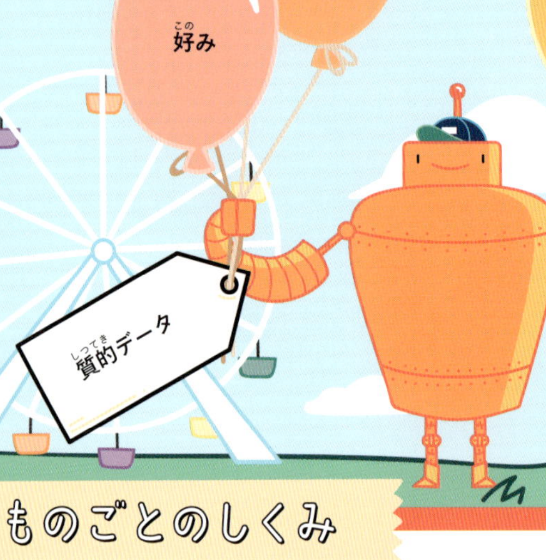


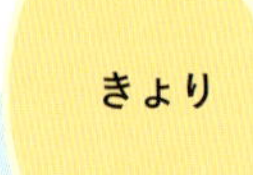

だいじな ポイント

## 質のデータと量のデータ

データは、2種類に分けられる。質のデータ（**質的データ**）は、好み、感情、意見、決定など、数であらわせないもののこと。量のデータ（**量的データ**）は、身長、きょり、くつのサイズ、テストの点数など、数であらわせるもののことだよ。

知ってる？

## りさんデータと連続データ

データは別の分けかたもできる。**りさんデータ**は、とびとびの数しかないデータのこと。たとえば、服やくつのサイズ。くつに22.31246cmなんてサイズはないよね。**連続データ**は、どんな数もありえるデータのことで、身長、時間、体重などがあるよ。

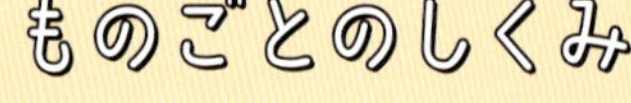


## データを読みとく

あるテーマについての数をならべたリストだけでは、役に立たないこともある。そんなときは、データを読みといて、データの意味を理解しないといけない。データの**統計**情報（平均値、中央値、最ひん値など）を求めるのが1つの方法だ。または、ひと目でわかるグラフ（視覚的表現）をつくるのもありだよ。

## だいじなポイント

### ビッグデータ

最近は「**ビッグデータ**」ということばがよく使われている。インターネットにつながっている機械（スマートフォンやタブレット）はつねにデータを集めていて、企業はそれをきょだいな**データベース**に保存している。ビッグデータを読みとくことで、人の行動のけいこうやパターンを知ることができるんだ。

### ナイチンゲールの話

フローレンス・ナイチンゲール（1820〜1910年）は、クリミア戦争（1853〜1856年）で兵士を手当てしたイギリス人の看護師だよ。統計、データ、グラフを、命をすくうために活用したんだ。

## クイズコーナー

### データのてんびん

下のてんびんと、データが書かれた重りを見てみよう。量的データが書かれた重りを全部左側にのせて、質的データが書かれた重りを全部右側にのせると、てんびんはどちらにかたむくかな？ 重りの重さは全部同じだよ。

こたえは、この本の 77 ページにあるよ

PROBABILITY

# 確率

明日、雨が降る見込みはあるかな？　大好きなミュージシャンが来週のランキングで1位をとる可能性はどのくらいだろう？ この「見込み」や「可能性」は、確率に関係したことばだよ。

## だいじな ポイント

### ぜったいに起こる／起こらない

あるものごとが起こる可能性は、「ぜったいに起こらない」か、「ぜったいに起こる」か、またはその間だよ。数学では、こういう**確率**を0から1の数であらわすんだ。何かが起こることがありえないとき、その確率は0。確率が1のときは、それがぜったいに起こるということなんだ。

## 知ってる？

### 確率のべつの表現のしかた

確率は、分数や百分率でもあらわせるよ。確率0.25は$\frac{1}{4}$や25%と書くこともできるんだ。

## ものごとのしくみ

## 確率の計算のしかた

一つひとつのものごとの確率をまとめるときは、「**かつ**」や「**または**」によって計算のしかたがちがうよ。「AかつB（AもBも起こる）」の確率を求めるときは、それぞれの確率のかけ算をするんだ。たとえば、コイン投げで「1回目に裏が出て、かつ2回目も裏が出る」確率は、$\frac{1}{2}\times\frac{1}{2}=\frac{1}{4}$になる。（コイン投げの結果は表か裏しかないから、裏が出る確率は$\frac{1}{2}$）。
「AまたはB」の確率を知りたいときは、それぞれの確率の足し算をするよ。たとえば、コイン投げで「1回目に裏または表が出る」確率は、$\frac{1}{2}+\frac{1}{2}=1$だ。コインには表と裏しかないから、コイン投げでは必ず表か裏が出るということだね。

やってみよう

# サイコロと確率

サイコロは、確率を学ぶのにぴったりの道具だ。この実験では、3つのことについて予想を立ててから、サイコロをふって、きみの予想が正しいかどうかを調べるよ。

## 必要なもの

- ✔ サイコロ
- ✔ ノート
- ✔ えんぴつ

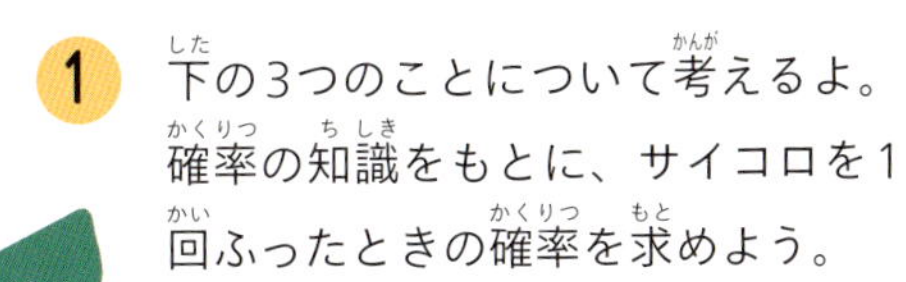

1 下の3つのことについて考えるよ。確率の知識をもとに、サイコロを1回ふったときの確率を求めよう。

- 6が出る確率
- 偶数が出る確率
- 「ん」がつく数が出る確率

（4は「よん」と読むことにするよ）

2 サイコロを50回ふったら、それぞれ何回ずつ起こるか予想してみよう。

| 6が出る確率 | 偶数が出る確率 | 「ん」がつく数が出る確率 |
|---|---|---|
| | | |

3 サイコロをじっさいに50回ふって、「正」の字でノートに記録しよう。サイコロを1回ふるたびに記録をつけてね（2つに当てはまる数も出るから、記録もれに注意）。

4 じっさいの結果と予想をくらべよう。

こたえは、この本の 77 ページにあるよ

## 実験のかいせつ

最初に求めた確率が正しくても、50回ふったときの結果とぴったり同じにならなかったかもしれないね。でも、ふる回数をふやせばふやすほど、予想した確率にどんどん近づいていくよ。

RATIONAL AND IRRATIONAL NUMBERS

# 有理数と無理数

数学の世界では、分数の形で書ける数は有理数、分数にできない数は無理数とよぶよ。有理数と無理数について、くわしく見てみよう！

## だいじなポイント

### 有理数と無理数のちがい

2.5という数は**有理数**だよ。$\frac{25}{10}$と書けるからね。じゃあ、円の円周と直径の比率をあらわす円周率（π）はどうだろう？ $\frac{22}{7}$ や $\frac{355}{113}$ のように、πに近い分数はあるけれど、πの数とぴったり同じになる分数はない。つまり、πは**無理数**ということになるね。

## やってみよう

## 円周率(π)の証明

どんな円であっても、円周率（π）の値はかわらない。そのことをこの実験でたしかめてみよう。

### 必要なもの

- ✔ 円の形をしたもの
- ✔ ひも
- ✔ はさみ
- ✔ ノート
- ✔ えんぴつ
- ✔ テープ
- ✔ じょうぎ

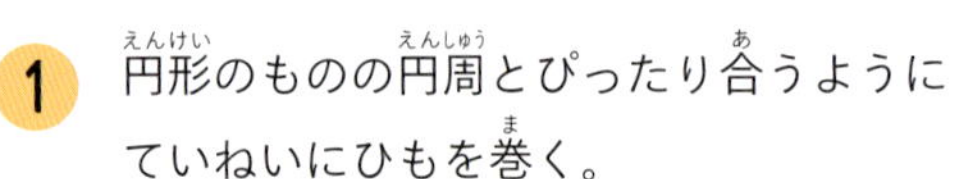

1. 円形のものの円周とぴったり合うようにていねいにひもを巻く。
2. 円周とちょうど同じ長さになるようにひもを切る。
3. 円周の長さに切ったひもを、円形のものの直径に合わせてのばし、直径と同じ長さになるように切る。
4. ③をくり返して、直径の長さのひもをいくつもつくる。ひもがたりなくなったらやめる。
5. 直径の長さのひもは何本できたかな？ その数をノートに書こう。また、あまったひもの長さは、直径にくらべてどれくらいかな？
6. ほかの円形のものでも①～⑤をやってみて、結果をくらべてみよう。どんな発見があるかな？

## 知ってる？

### 古代のナゾ

古代ギリシャの多くの数学者は、すべての数は有理数だから、分数であらわせない数はないと信じていた。そんなとき、ヒッパソスという数学者が無理数を発見したんだけど、発見の直後に海でおぼれて死んでしまった。彼は、無理数があることを信じたくない人たちに、殺されたんじゃないかっていわれているんだ！

## クイズコーナー

### 数を切りきざむ

クイズの時間だよ！ ここに40という数がある。この数を等しい大きさに分けてから、分けた数どうしのかけ算をするよ。かけ算のこたえをいちばん大きくするには、40をどう分けたらいいかな？
たとえば、4等分してかけ算すると10×10×10×10＝10000になる。いろいろな分けかたをためして、もっとこたえが大きくなる分けかたを見つけよう。かけ算のこたえをどこまで大きくできるかな？
等分する数は、整数だけでなく、無理数を使ってもいいよ。

こたえは、この本の77ページにあるよ

ものごとのしくみ

# 黄金比

無理数のもう1つの例は、1.618に近い**黄金比**（Φ）という数だ。数Aと数Bの比率が、「数A＋数B」と「大きいほうの数」の比率と等しいとき、数Aと数Bは黄金比の関係にあるんだ。いいかえると、ある長さの線を2つに分けるとき、「全体の長さ（A＋B）÷長い部分（A）」と「長い部分（A）÷短い部分（B）」の値が同じになるように分けると、長い部分と短い部分が黄金比の関係になるよ。

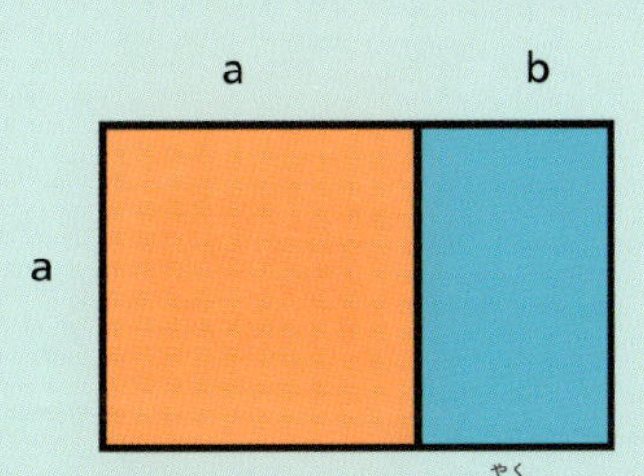

(a＋b) ÷ a＝a ÷ b は約 1.618

黄金比の長方形は、下の絵のように黄金比の長方形と正方形にいつまでも分けていくことができる。このように分けたとき、それぞれの正方形のななめ向かいの角をなめらかにつないでいくと、カタツムリのからのようなうず巻きができるんだ。

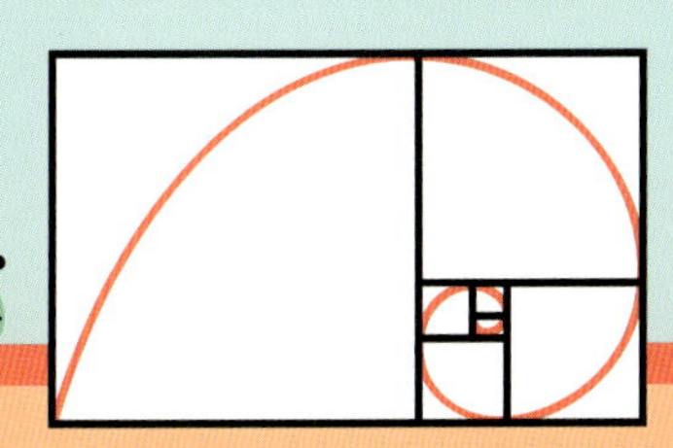

黄金比は、フィボナッチ数列（18ページ）とも関係している。フィボナッチ数列のそれぞれの数は、直前の2つの数の足し算と等しくなるんだったよね。この数列のどれか1つの数をその直前の数でわると、結果は1.618に近くなるんだ。この数列は自然の中でも見つかるよ。花の花びらや、木の枝とかね。ひまわりの頭の部分では、種が逆むきの2種類の**らせん**をえがいていることがある。このらせんの数は、フィボナッチ数列になっているよ。

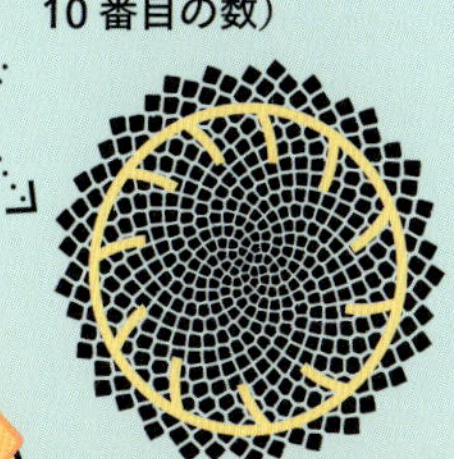
反時計回りのらせんが55個（55はフィボナッチ数列の10番目の数）

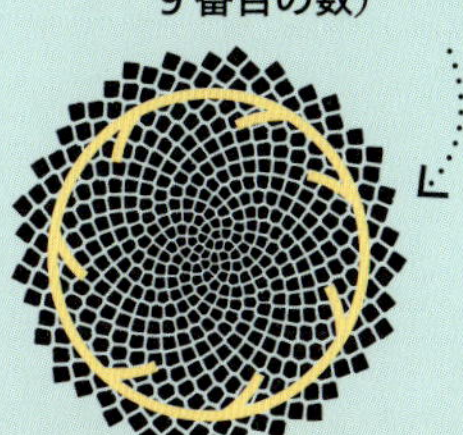
時計回りのらせんが34個（34はフィボナッチ数列の9番目の数）

55 ÷ 34 は約 1.618

MATHS AS A LANGUAGE

# 数学はことばだ

数学は、いろいろな点でことばだと考えることができるよ。ものごとをかんけつに表現できるし、メールや絵文字、それに世界中の言語のきそになっているんだ。

$\frac{4}{16} = \frac{2}{8} = \frac{1}{4}$

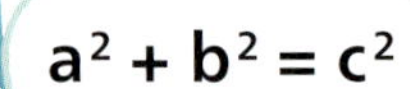

$a^2 + b^2 = c^2$

## だいじなポイント

### だれにでも通じる

数学は世界中で使われている。ある部屋に、日本人、ナイジェリア人、インド人、カナダ人の4人の数学者がいるところを思いうかべてみて。会話や手紙では話は通じないかもしれないけど、黒板に数学の式を書けば、いいたいことをみんなに伝えることができる。たとえアルファベット以外の文字を使っても、式を書けばわかってもらえる。どんな文字でも、その文字があらわす数字の意味はかわらないからね。式は、記号と数字でつくる文のようなものと考えることができるんだ。

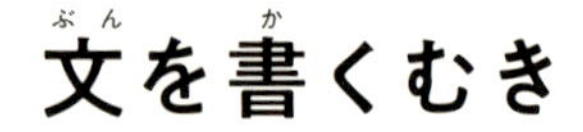

## 知ってる?

### 文を書くむき

文を書くむきは、言語によってさまざま。英語は左から右に書くし、アラビア語は右から左、日本語や韓国語は上から下に書くときがある。だけど、文章は右から左に書く言語を使う数学者でも、式だけは左から右に書くんだよ。

## ものごとのしくみ

# 数学語にほんやく

外国語で書かれた文章があるとしよう。その文章を理解するには、ほんやくしないといけないよね。同じように、文章の問題に出会ったら、それをとくには、まず数学のことばにほんやくする必要がある。たとえば、「運動場の長さは、はばの2倍。運動場の外周（32ページ）は300メートル。このときの長さとはばは？」という問題がある。このこたえを出すには、文章を数学の式にほんやくするよ。長さをL、はばをWであらわすと、この文章はつぎのようにほんやくできる。

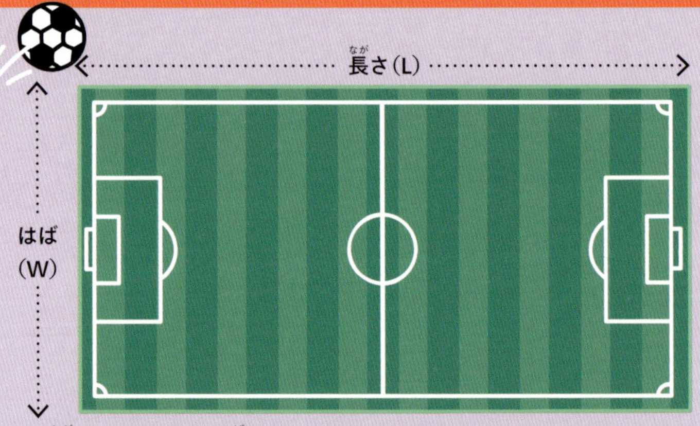


長さは、はばの2倍 → L = 2W

外周は300メートル → 2L + 2W = 300

L = 2Wだから、2つ目の式の2WはLでおきかえることができる。つまり、2L + L = 300。ということは、Lは100メートルだね。Lが100だから、Wはその半分の50メートルだ。

知ってる?

# 式の中のアルファベット

問題やグラフ、角度、三角法では、数の代わりにx、y、zというアルファベットを使えることはもう学んだね。文字は、方程式や文字式（70ページ）の文章でも使われるよ。数学はだれにでも通じるキホンの言語だし、数はことばであらわすよりも記号であらわすほうがかんたんだから、ものを売り買いする人にとって、数学はべんりな世界共通語なんだ。メートル法の国の人と、ヤード・ポンド法の国の人が仕事をするときでも、数と数をほんやくすれば、問題は起こらないよ。

下のロボットたちは、アレルギーなどの病気をもつ人むけの、とくしゅなクッションをつくっているよ。このクッションの会社は、人の代わりにロボットを使うことで、費用をおさえ、ばい菌が入らないようにしているんだ。つまり、安くて安全なクッションを、より多くの人に届けているというわけ。

**3台目のロボットは、クッションの長さ（L）をはかる。**

長さ

**2台目のロボットは、クッションのはば（W）をはかる。**

はば

**1台目のロボットは、クッションの高さ（H）をはかる。**

高さ

それぞれのロボットは、クッションのべつべつの部分をはかる。クッションがつぶれたら正しくはかれないから、ロボットはコンピューター・プログラムの命令を受けて、クッションをまったく同じ強さでもつよ。人間だと、そんなことはできないよね！
きみの仕事は、ロボットがはかったデータをもとに、クッションカバーの布の大きさを求めることだよ。
つぎのページでは、数学の式を使って布の大きさをわり出してみよう！

FUNCTIONS

# 関数

関数とは、ある数のまとまりをべつの数のまとまりにかえる方法のこと。数という材料を入れるとべつの数が出てくる、小さな機械のイメージだよ。関数に数を入力すると、必ず1つの出力があるんだ。

## 関数の形であらわす

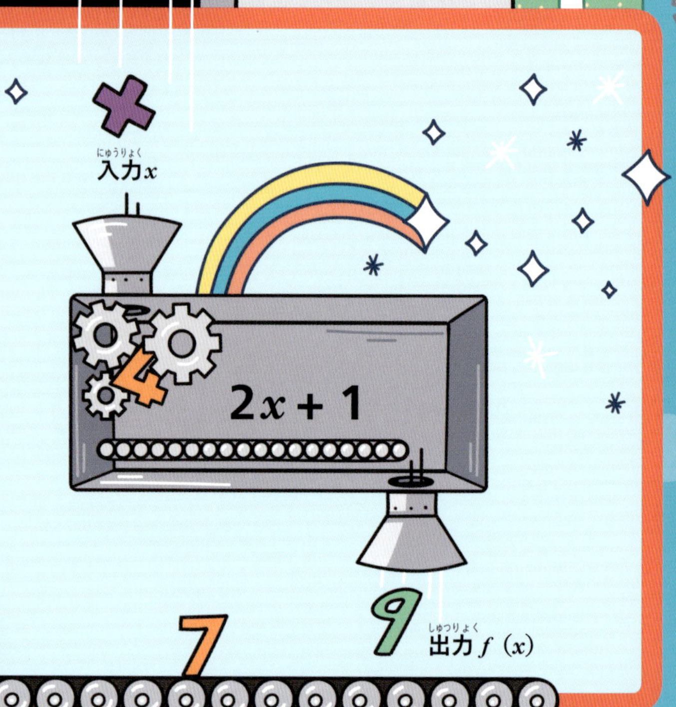


**関数**は、たいてい「$f(x)=$」の形で書くよ。たとえば、$f(x)=2x+1$みたいにね。この関数の$x$への**入力**をかえると、えられる**出力**もかわる。この$x$は**変数**とよぶよ。関数にいくつも変数がある場合は、$f(x,y)=2x+3y$のように、等号の左辺（左側）のかっこ内にすべての変数を書こう。

知ってる？

## コンピューター・プログラムの関数

**コンピューター・プログラム**を書く能力は、最高の武器だ。いまの時代も、これから先も、いろいろな仕事で大切な能力なんだ。プログラムを書くときは関数をたくさん使うけれど、数学の関数と考えかたは同じだよ。入力を受けとって出力を出してくれる、べんりな機能なんだ。

やってみよう

# クッションカバーの大きさを求めよう

67ページで登場した、ロボットがせっせとはたらくクッション工場に話をもどすよ。数学のことばを使って、クッションカバーをつくるのに必要な布の大きさを求めよう。

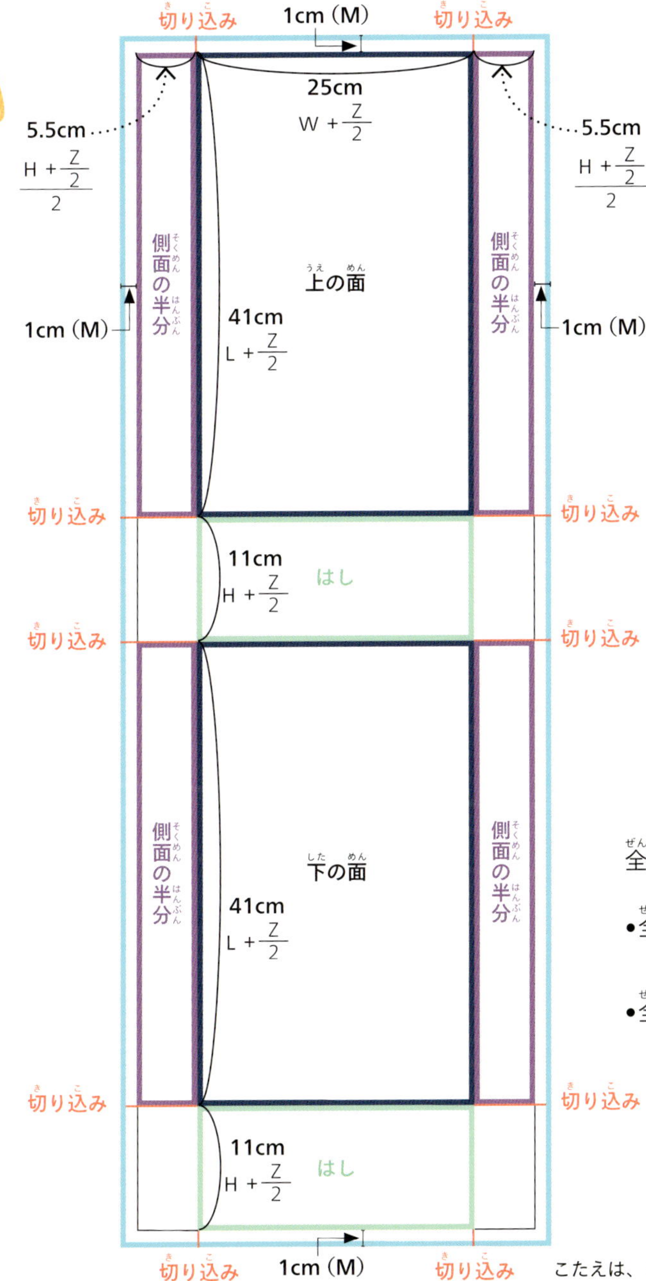


## 布の大きさの求めかた

- クッションカバーの布の大きさを計算するには、まずクッションの長さ（L）、はば（W）、高さ（H）を知る必要がある。

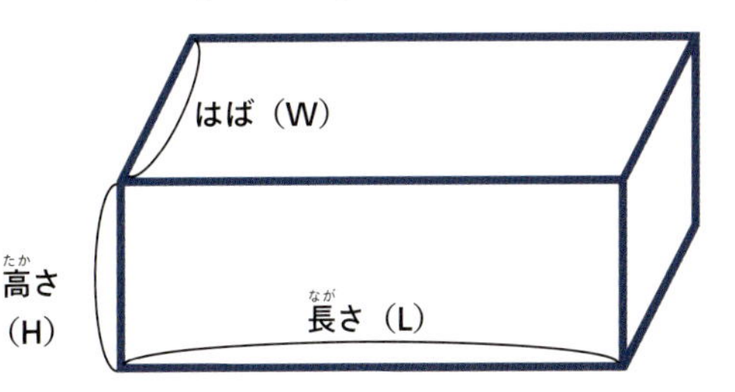


- 今回求めるクッションのサイズは、
  長さ（L）＝40センチメートル
  はば（W）＝24センチメートル
  高さ（H）＝10センチメートル
  にしよう。
- クッションは、1枚の布から、上、下、両側面、両はしの部分を内側に折りたたんで、つなぎ目をぬい合わせることでつくる。
- 布を手早くかんたんに切れるようにするために、側面を2つに分けずに、高さの$\frac{1}{2}$の長さを両側につくってから、切り込みを入れる。ぬい目は側面の真ん中を通るよ。
- クッションカバーの大きさをクッションとぴったり同じにすると、きつすぎてやぶけてしまう。長さとはばをクッションよりも2センチメートル長くして、「よゆう」（Z）をもたせよう。
- それからぬい代（M）も必要だ。ぬい代は、クッションがはみ出したりカバーが開いたりしないように、布を少し重ねてぬい合わせるために必要だよ。クッションカバーのまわりに1センチメートルのぬい代をつくろう。

全体の長さを変数であらわすとこうなるよ。

- 全体の長さ
  $2L + 2H + 2Z + 2M = 2(L + H + Z + M)$
- 全体のはば
  $H + \frac{Z}{2} + W + \frac{Z}{2} + 2M = H + W + Z + 2M$

こたえは、この本の77ページにあるよ

# 文字式と公式

**文字式は、わからない数があるときに、数の代わりに文字を使って書いた式のことだよ。**

## だいじなポイント

### 文字を使う

**文字式**では、わからない数の代わりに文字を使うけど、何も書かずに間をあけるだけじゃダメなのかな？ いいかもしれないけど、わからない数が2つあったらどうする？ 間をあけただけだと、混乱して、どっちの空白も同じ数が入るのかなって思っちゃうよね。だから、$x+y+3=6$のように書いたほうが、ずっとわかりやすい。これなら、$x$と$y$を求めて、文字を数でおきかえるだけですむよ。

## ものごとのしくみ

### 変数を使いこなす

変数（いつも同じとはかぎらない数）の代わりに文字を使うこともできるよ。たとえば、レモネードとホットドッグを売るお店を開いたとしよう。レモネードは50円で売って、ホットドッグは75円で売るよ。このお店の売上を求める公式（計算のルール）は、50**L**＋75**H**＝**M**のように書ける。何が何個売れるかはその日によってちがうかもしれないけれど、この公式の**L**（レモネード）と**H**（ホットドッグ）のそれぞれに売れた数を入れれば、いつでも売上の合計（**M**）を求めることができるんだ。

50円

75円

50L + 75H = M
例：50 × 4 + 75 × 7
= 725円

ものごとのしくみ

# 文字式をといてみよう

$$x + 8 = 12$$
$$x + 8 - 8 = 12 - 8$$
$$x = 12 - 8$$
$$x = 4$$

文字にあてはまる数はどうやって求めればいいんだろうね。1つの方法は、**左辺**（左側の式）と**右辺**（右側の式）で、同じ計算（足し算、引き算、かけ算、わり算のどれか）をするというものだよ。たとえば、$x + 8 = 12$という文字式を考えよう。

$x$を求めるには、「$x + 8$」をどうにかして$x$だけにすればいい。つまり、左辺から8を引くんだ。このとき、右辺にも同じ計算をするのが文字式の決まりだから、$x + 8 - 8 = 12 - 8$を計算する。すると、$x = 4$とわかるんだ。

やってみよう

# 身のまわりの直角をさがそう

### 必要なもの

- 直角の角がありそうなもの（タブレット、本、部屋など）
- じょうぎ
- えんぴつ
- ノート
- ダンボール箱
- セロハンテープ
- ダンボール箱よりも大きな紙

この実験では、ピタゴラスの定理を使って、身のまわりの直角を見つけるよ。

## キホン

公式$A^2 + B^2 = C^2$を使うと、その角がぴったり直角（90°）かどうかがわかるよ。

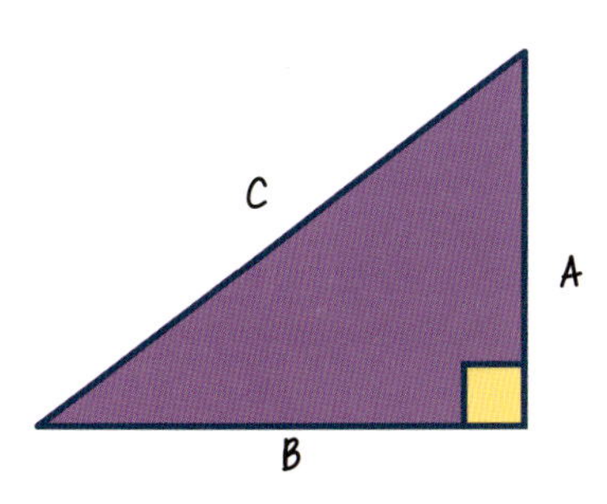


1. 集めたもののA、B、Cの長さ（2つの辺と対角線）をはかる。はかった結果をノートに書く。
2. 「キホン」の公式に数をあてはめて、辺Aの2乗と辺Bの2乗の合計が、対角線Cの2乗と等しくなるかたしかめる。
3. 等しかったら、その角は直角（90°）ということだよ。
4. ダンボール箱の底をぬき、箱の底に大きな紙をはる。紙に4つの辺を書き、2つの辺と対角線をはかり、公式にあてはめて角が直角かどうかたしかめる。
5. またダンボールを使うよ。こんどは角が直角でなくなるようにダンボールを押しつぶしてから、④と同じように2つの辺と対角線をはかる。方程式にあてはめて角が直角かどうかをたしかめよう。

BINARY AND COMPUTING

# 二進法とコンピューター

コンピューターのない世界なんて想像できる？
わたしたちは生活のいろいろなところでコンピューターにたよっているから、なくなったら困っちゃうよね。

## 二進法

コンピューターは、数のかぞえかたが人間とちがう。人は10個の数字（0〜9）を使ってかぞえる**十進法**を使うけど、コンピューターは2個の数字（0と1）だけでかぞえる**二進法**を使うんだ。二進法でも0（オフの信号）のつぎは1（オンの信号）だよ。だけど、1のつぎはどうしよう？ 人が9のつぎに10とかぞえるのと同じで、二進法でも1のつぎは位が移るんだ。

十進法

| 位 | $10^4$ | $10^3$ | $10^2$ | $10^1$ | $10^0$ |
|---|---|---|---|---|---|
| 十進法であらわした数 | 10000 | 1000 | 100 | 10 | 1 |
| 各位の数 | 0 | 0 | 0 | 5 | 9 |

$10 \times 5 + 1 \times 9 = 59$

二進法

| 位 | $2^5$ | $2^4$ | $2^3$ | $2^2$ | $2^1$ | $2^0$ |
|---|---|---|---|---|---|---|
| 十進法であらわした数 | 32 | 16 | 8 | 4 | 2 | 1 |
| 各位の数 | 1 | 1 | 1 | 0 | 1 | 1 |

$(32 \times 1) + (16 \times 1) + (8 \times 1) + (2 \times 1) + (1 \times 1) = 59$

※二進法では、59 は 111011 とあらわすんだ。

| 十進法のかぞえかた | 二進法のかぞえかた |
|---|---|
| 0 | 0 |
| 1 | 1 |
| 2 | 10 |
| 3 | 11 |
| 4 | 100 |
| 5 | 101 |
| 6 | 110 |

### ブールの話

イギリス人の数学者ジョージ・ブール（1815〜1864年）は、二進法を使う文字式のルールをつくった人だよ。

## 知ってる？

### ビットとバイト

コンピューターは、情報を**ビット**（二進法の数）の形で保存する。1**バイト**（byte）には8個のビット（bit）がふくまれているんだ。

1ビット

0 1 0 0 0 0 0 1

8ビット＝1バイト

1byte ＝ 8bit
1ＫＢ ＝ 1024 byte
1ＭＢ ＝ 1024 ＫＢ
1ＧＢ ＝ 1024 ＭＢ
1ＴＢ ＝ 1024 ＧＢ

### ラブレスの話

イギリス人の数学者エイダ・ラブレス（1815～1852年）は、世界で最初のコンピューター・プログラマーといわれているよ。

## やってみよう

# 二進法を使いこなそう

ここでは、自分の名前をコンピューターのことばの二進法で書いてみよう。

### 必要なもの

✔ えんぴつ　✔ ノート

1. 右の表をよく見て。これは、**ASCIIコード**という、コンピューターの基本的なコードだよ。
2. それぞれの文字を二進法でどのようにあらわすか、かくにんしよう。
3. 下の絵のように、名前と**バイナリー・コード**の表をかき、名前のアルファベット1文字につき、1行ずつ足していこう。自分の名前をコンピューターのコードで書けるかな？

| 名前 | バイナリー・コード |
|---|---|
| S | 01010011 |
| O | 01001111 |
| P | 01010000 |
| H | 01001000 |
| I | 01001001 |
| E | 01000101 |

| 文字 | バイナリー・コード（二進法コード） |
|---|---|
| A | 01000001 |
| B | 01000010 |
| C | 01000011 |
| D | 01000100 |
| E | 01000101 |
| F | 01000110 |
| G | 01000111 |
| H | 01001000 |
| I | 01001001 |
| J | 01001010 |
| K | 01001011 |
| L | 01001100 |
| M | 01001101 |
| N | 01001110 |
| O | 01001111 |
| P | 01010000 |
| Q | 01010001 |
| R | 01010010 |
| S | 01010011 |
| T | 01010100 |
| U | 01010101 |
| V | 01010110 |
| W | 01010111 |
| X | 01011000 |
| Y | 01011001 |
| Z | 01011010 |

REASONING AND PROOFS

# 推論と証明

ふだんの生活では、何かが100%正しいことを証明するのはむずかしいよね。でも数学の世界では、推論という方法を使えば、しっかりとした証明を組み立てることができるよ。

## だいじな ポイント

### 数学の証明

好きな整数を思いうかべてみて。それを2乗してから元の数を引くと、必ず**偶数**になるよ。一つひとつの数をためさずに、この法則がすべての整数にあてはまることを証明できるかな？

まずは、偶数から考えよう。偶数を2乗すると、必ず偶数になる。その偶数から偶数を引くと、こたえはいつも偶数だ。ということは、最初にどんな偶数をえらんでも、こたえはぜったいに偶数になるね。

じゃあ、**奇数**はどうだろう？ 奇数を2乗すると奇数になる。その奇数から奇数を引くと、必ず偶数になる。だから、はじめに奇数をえらんだ場合でも、こたえは必ず偶数になるんだ。数には偶数と奇数のどちらかしかないから、どんな数でも偶数がえられるよ。

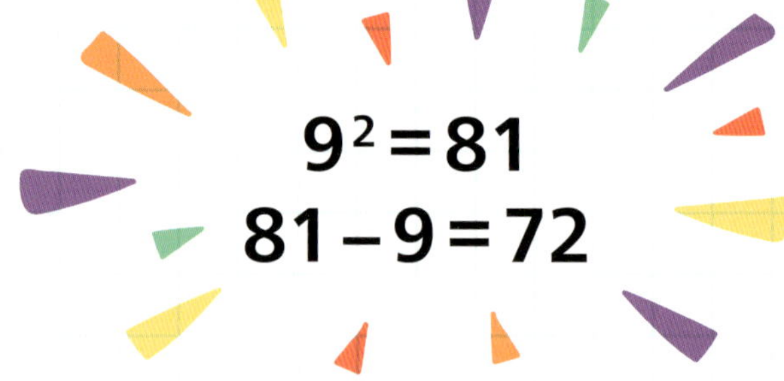


これで、**推論**という論理的な考えかたを使って、すべての数に法則があてはまることを証明できたね。

### 知ってる？

#### 素数は無限にある

数学の世界でとくに有名な証明に、古代ギリシャの数学者ユークリッドが考えたものがある。ユークリッドは、素数（14ページ）は無限個あることを証明したんだ。素数は数に限りがないんだよ。

だいじな **ポイント**

## フェルマーの最終定理

ピタゴラスの定理（38ページ）から、直角三角形には$a^2+b^2=c^2$があてはまることはわかったね。じゃあ、もっとはんいを広げた$a^n+b^n=c^n$はどうだろう？ この式の$n$にはどんな整数も入って、$a$、$b$、$c$には**自然数**（1,2,3…）が入るよ。フランス人の数学者ピエール・ド・フェルマー（1607年ごろ〜1665年）は1637年に、「$n$が2よりも大きいとき、この式が成り立つ$a$、$b$、$c$は存在しない」と予想したんだ。だけど、この予想が正しいと証明されたのは、ようやく1994年になってからだった。証明したのは、イギリス人の数学者アンドリュー・ワイルズだよ。

## クイズコーナー

# 3人の夢を推理しよう

推論を立てて問題をとくときは、事件のたんてい気分を味わえるよ。推論は、社会や生活のいろいろなところで使われている。たとえば、事件の裁判、科学の研究、天気の予測、それに映画のストーリーを予測するときとかにね。推論を使わない日はないくらいだ。クイズだってそう。だけどクイズがむずかしくて、頭の中だけではとけないことってあるよね。そんなときは、手がかりをノートに書き、グラフや表をつくって考えよう。

下の表を見てみよう。ヒントをよく読んで、3人がえらんだ夏の課外活動をもとに、それぞれの将来の夢を当てられるかな？ 表をノートに書き写して、「いいえ」なら×、「はい」なら○を書き、クイズをとこう。

### ヒント

- 3人の生徒はそれぞれ、音楽、スポーツ、ゲームのどれかの課外活動にきょうみがある。
- 科学者、エンジニア、数学者になりたい人がそれぞれ1人ずついる。
- メアリーは科学者になりたい。
- ケイシーはゲームの課外活動をえらばなかった。
- エンジニアになりたいと思っている生徒は、音楽の課外活動をえらんだ。
- スポーツの課外活動をえらんだ生徒は、科学者にはなりたくない。
- ロビンは、スポーツの課外活動を選ばなかった。

| | メアリー | ロビン | ケイシー |
|---|---|---|---|
| 科学者 | ○ | × | × |
| エンジニア | × | | |
| 数学者 | × | | |
| 音楽の課外活動 | | | |
| ゲームの課外活動 | | | |
| スポーツの課外活動 | | | |

こたえは、この本の77ページにあるよ

PUZZLE ZONE ANSWERS

# クイズコーナーとやってみようのこたえ

## 8〜9ページ 足し算と引き算

**電卓で計算しよう**

107 + 282 + 215 = 604→h09（HOG：ブタ、イノシシ）

88 + 161 + 89 = 338→BEE（BEE：ハチ）

27432 + 7574 = 35006→9005E（GOOSE：ガチョウ）

199 + 198 + 197 + 139 = 733→EEL（EEL：ウナギ）

## 10〜11ページ かけ算とわり算

**かけ算で回文をつくろう**

回文になるこたえ

143 × 7 = 1001

407 × 3 = 1221

33 × 11 = 363

## 14〜15ページ 素数とるい乗

**50までの素数を見つけよう**

素数：2、3、5、7、11、13、17、19、23、29、31、37、41、43、47

## 20〜21ページ べんりな分数

**分数のめいろにちょうせん**

正解の通り道は、$\frac{2}{16}$ → $\frac{1}{6}$ → $\frac{1}{3}$ → $\frac{1}{2}$ → $\frac{4}{5}$ → $\frac{8}{9}$ →ゴール

## 28〜29ページ お金と利子

**10円玉パズル**

4つのふくろに、10円玉1枚、10円玉2枚、10円玉4枚、10円玉8枚に分けて入れる。こうすると、下のどの金額も、ふくろを組み合わせるだけで払えるよ。

10円 = 10円のふくろ

20円 = 20円のふくろ

30円 = 20円のふくろ + 10円のふくろ

40円 = 40円のふくろ

50円 = 40円のふくろ + 10円のふくろ

60円 = 40円のふくろ + 20円のふくろ

70円 = 40円のふくろ + 20円のふくろ + 10円のふくろ

80円 = 80円のふくろ

90円 = 80円のふくろ + 10円のふくろ

100円 = 80円のふくろ + 20円のふくろ

110円 = 80円のふくろ + 20円のふくろ + 10円のふくろ

120円 = 80円のふくろ + 40円のふくろ

130円 = 80円のふくろ + 40円のふくろ + 10円のふくろ

140円 = 80円のふくろ + 40円のふくろ + 20円のふくろ

150円 = 80円のふくろ + 40円のふくろ + 20円のふくろ + 10円のふくろ

**将来のために貯金の計画を立てよう！**

利率2.5%の銀行口座に5万円を10年間あずけておくと、10年後に1万2500円の利子がつくよ。

**ドロボーなぞなぞ**

こたえは1万円。1万円をぬすんだ後は、ふつうの買い物をしただけだから、そこでは損をしていない。最初にぬすまれた1万円の分だけ店長は損をしてしまったんだ。

## 32〜33ページ 外周、面積、体積

**地球が動いている速さはどのくらい？**

（2 × π × 149600000）÷ 8766 = 107228km/時

**バースデーケーキ**

円にすると、ロウソクを立てる面積がいちばん広くなるよ。

## 36〜37ページ いろいろな三角形

**三角形はいくつある？**

三角形の数は35個。

## 38〜39ページ ピタゴラスの定理と三角法

**ピタゴラスの定理を使ってみよう**

いちばん長い辺の長さは点5個分。

## 40〜41ページ 平面図形

**角度のフシギを体験**

三角形の数は必ず、辺の数よりも2つ少なくなる。辺の数をnとすると、三角形の数はn − 2とあらわせる。だから、1つの角度の大きさを求める式は、((n − 2) × 180) ÷ nになる。これを計算すると、正五角形の1つの角度は108°、正六角形は120°になるよ。正十二角形は10個の三角形に分けられて、正九十角形は88個の三角形に分けられる。

## 42〜43ページ 平面図形とタイル模様

**アルキメデスの平面じゅうてんをさがそう**

太線の2つが正解の図形だよ。

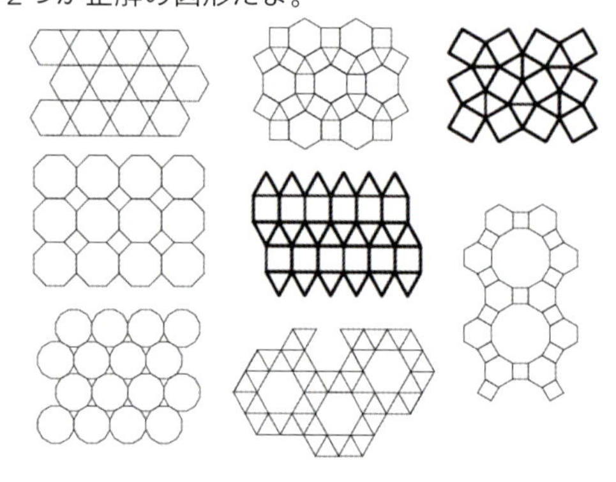

## 48〜49ページ いろいろな移動

**合同な図形**

合同な図形は3組あるよ。

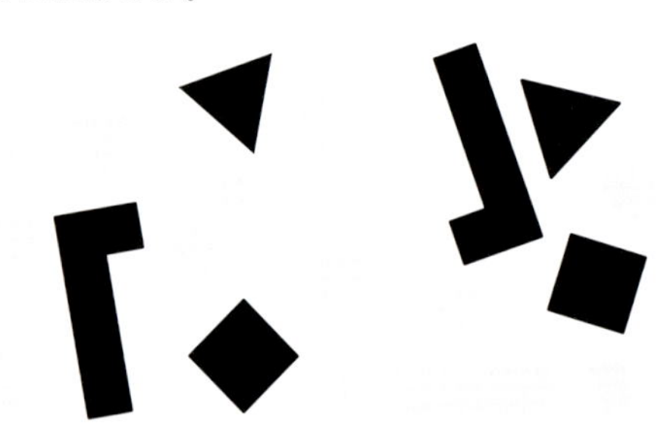

### 52～53ページ 座標

**恐竜の卵をさがせ！**

卵は（10, 3）にかくれている。正しい座標は

4. (0,2)、(3,4)、(4,4)、(5,3)、(10,3)

### 54～55ページ べんりなグラフ

**ペットの円グラフ**

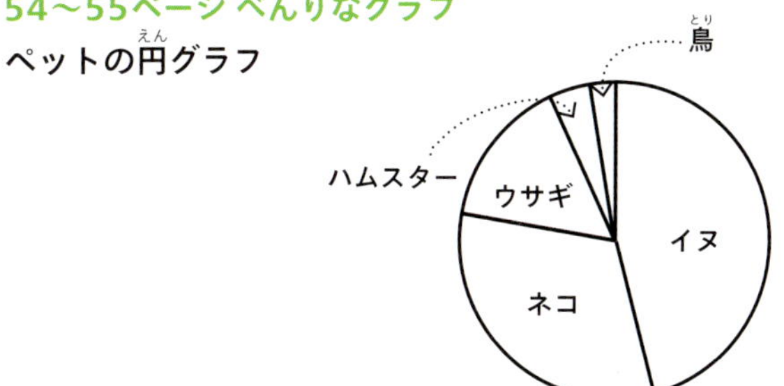


### 56～57ページ ベン図と集合

**動物の集合をベン図であらわそう**

共通集合に入る動物は、たとえば、カエル、サンショウウオ、イモリなどの両生類。式の例：陸上∩水中＝{カエル, サンショウウオ, イモリ}

### 58～59ページ 代表値

**オリンピックと平均値**

選手1は銅メダル：12.5点
選手2は銀メダル：13.5点
選手3は金メダル：14.0点

### 60～61ページ データの種類

**データのてんびん**

てんびんは左にかたむく。

### 62～63ページ 確率

**サイコロと確率**

6が出る確率は$\frac{1}{6}$

偶数が出る確率は$\frac{1}{2}$

「ん」がつく数が出る確率は$\frac{2}{6}$ または $\frac{1}{3}$

### 64～65ページ 有理数と無理数

**数を切りきざむ**

2458784（じつは、どんな数も「e=2.718…」というとくしゅな無理数（ネイピア数）で等分すると、分けた数どうしのかけ算の値がもっとも大きくなることが知られているんだ。このネイピア数で40をわると、14.715…という無理数の値が得られるよ。難しかったかな？

### 68～69ページ 関数

**クッションカバーの大きさを求めよう**

全体の長さ＝2(L＋H＋Z＋M)＝2×(40＋10＋2＋1)＝106
全体のはば＝H＋W＋Z＋2M＝10＋24＋2＋2＝38

### 74～75ページ 推論と証明

**3人の夢を推理しよう**

メアリーの将来の夢は科学者。えらんだのはゲームの課外活動。
ロビンの将来の夢はエンジニア。えらんだのは音楽の課外活動。
ケイシーの将来の夢は数学者。えらんだのはスポーツの課外活動。

INDEX
# さくいん

実験やプロジェクトは**太字**になっているよ。

## あ



## か

## は



## ま



## や



## ら



## わ

著者

**コリン・スチュアート**

Dorling Kindersley社をはじめ、さまざまな出版社から科学に関する書籍を刊行。その数は50冊を超える。また、The New Scientist、BBC Focus、ESA（European Space Agency）などに掲載された記事は100本以上。毎年、宇宙に関する講演も行っており、学生から社会人まで、多くの聴衆が参加。参加者の合計は25万人を優に超える。英国王立天文学会会員であり、ヨーロッパ南天天文台（ESO）が授けるEuropean Astronomy Journalism Prizeの銀賞を受賞。

監修者

**NPO法人 ガリレオ工房**

「科学の楽しさをすべての人に」伝えるためのさまざまな取り組みを行う創造集団。メンバーは、教師、ジャーナリスト、研究者などで構成され、科学実験の研究・開発を行う。書籍、雑誌、新聞、テレビ番組、全国各地での実験教室やサイエンスショーを行うなど、その活動は多岐にわたり、各界から高い評価を受けている。2002年に吉川英治文化賞受賞。



翻訳

江原 健

日本版デザイン

米倉英弘（細山田デザイン事務所）＋ 横村 葵

DTP

水谷美佐緒、中家篤志（プラスアルファ）

イラスト

Annika Brandow、リース恵実

校正

金子亜衣


子供の科学STEM体験ブック

AI時代を生きぬく算数のセンスが育つ

# クイズ&パズルでわかる 数と図形のナゾ


NDC 407

2018年8月9日　発　行

著　者　コリン・スチュアート

監　修　ガリレオ工房

発行者　小川雄一

発行所　株式会社 誠文堂新光社
〒113-0033　東京都文京区本郷3-3-11
（編集）電話03-5805-7765
（販売）電話03-5800-5780
http://www.seibundo-shinkosha.net/

印刷・製本　株式会社 大熊整美堂





ISBN978-4-416-61827-1